GELATO

義式冰淇淋開店指導教本

根岸 清 KIYOSHI NEGISHI

瑞昇文化

「義式冰淇淋」的冰淇淋及雪酪，具有無限寬廣的可能性。

起源於義大利的「義式冰淇淋」，目前在日本也已經廣為人知，同時也越來越受大眾歡迎。「GELATO」是義大利文中所有冰品及雪酪的總稱。而義式冰淇淋專賣店，就被稱為「GELATERIA」。

在日本，冰淇淋類的商品，會因其成分內容物比例不同，而給予不同的名稱，如「ICE CREAM」或「LACTO ICE」等（參考第9頁圖片），不過在義大利，並不會這樣區分。本書當中所介紹的，是「廣義的義式冰淇淋之冰淇淋及雪酪」的相關知識及技術。

義式冰淇淋當中，不管是加了牛乳而口感滑順的冰淇淋，或者是較為清爽的雪酪，都非常受歡迎。而冰淇淋及雪酪，都有非常豐富的種類變化，一般來說，義式冰淇淋專賣店都會擁有50～100種以上的食譜。而在日本，則有使用了日式材料的商品，也非常受歡迎。因此義式冰淇淋可說具有無限寬廣的變化及可能性。

在這個追求專門性及高品質的時代，義式冰淇淋也更顯突出其發展空間。

義式冰淇淋除了水果以外，還能夠使用巧克力、堅果、蔬菜，或者抹茶等日式材料，能夠打造出許多完全原創而又豐富的口味。只要在組合材料時稍微下點功夫，便能發展出更加多樣化的口味。

而義式冰淇淋最大的魅力，就在於其新鮮美味。舉例來說，使用當季新鮮水果製作的雪酪，能夠享用到水果本身的口味。每天都在店裡

現做之後，再提供給顧客的義式冰淇淋，那份新鮮美味正是帶來人潮的賣點。

只要製作者運用創意發想，便能夠有許多原創的口味變化；加上於店面現做現賣的新鮮感，這些都是義式冰淇淋最大的魅力。在這個追求專門性與高品質的時代當中，義式冰淇淋可說是非常具有發展空間的。

除了義式冰淇淋專賣店以外，餐廳、咖啡店都能將此書作為創意參考。

本書從義式冰淇淋的基本知識介紹起，同時網羅了各式各樣變化豐富的食譜。除了義式冰淇淋專賣店以外，內容同時可以提供給餐廳或者咖啡店作為參考。書中刊載了各式各樣冰淇淋及雪酪的食譜，合計數量高達70種以上。

但是，不管是什麼樣的料理或甜點，材料和份量都會由於預定製作的口味不同，而有所變更。義式冰淇淋也是如此。最重要的還是確保基本的知識及技術作為基礎，另外再加上自己的獨特的調配方式及創意。

因此，本書會先講解「製作義式冰淇淋的基本流程」、「冰淇淋的基底材料製作方式」、「糖類的使用方式」、「水果的使用方式」、「膨脹率相關知識」……等等，一些在製作美味義式冰淇淋時不可欠缺的基本知識與技術，讓大家能夠充分了解這些事項之後，再繼續介紹食譜。

另外，食譜上同時也刊載材料大致上的成本價。希望除了讓大家參考製作技巧以外，也能提供一些關於經營方面的觀點。另外也會介紹使用義式冰淇淋製作「冰淇淋蛋糕」的技術。

義式冰淇淋的美味，能為顧客帶來笑容。能讓顧客展露笑容的義式冰淇淋，方能為店面帶來源源不絕的繁榮。但願本書能夠幫上一些忙。

目錄
Contents

07 CHAPTER 1

義式冰淇淋的基本知識與技術

35 CHAPTER 2

千變萬化的冰淇淋

IGCC 負責人
（Italian Gelato&Caffé Consulting）

根岸　清

多次造訪義大利，完整學習正統義式冰淇淋及義式咖啡的專家。是使正統義式冰淇淋及義式咖啡在日本得以普及的領頭專家，目前也仍有多項講座及教室。

※ 在閱讀本書之前

●本書中介紹的是「廣義的義式冰淇淋之冰淇淋及雪酪相關知識及技術」，基本上是設想在同一間店內製造並販賣情況下，所使用的義式冰淇淋教科書。

●義式冰淇淋的食譜，材料和份量都會由於預定製作的口味不同，而有所變動。書中介紹的食譜僅作為參考使用。

●本書中介紹的義式冰淇淋食譜份量，基本上是「材料合計共1000g」，但實際上一次製作出來的份量，還請依據販賣量做調整。

●除了食譜以外，使用的機器也會影響義式冰淇淋的製作成果，還請謹記這點之後，把食譜當作參考資料使用。

●書中介紹的資訊為2018年3月時的相關資訊。

CHAPTER 1

義式冰淇淋的基本知識與技術

義式冰淇淋的特徵與魅力

我們就先來針對義式冰淇淋的特徵與魅力，稍微整理出一些重點。

首先，義式冰淇淋最大的特徵就是「天然」的美味。義式冰淇淋會儘可能使用新鮮的材料來製作，而不使用人工黏稠劑或防腐劑等，以天然產品為目標。

另外一個特徵就是，義式冰淇淋的空氣含有量在30%上下，這算是非常少的。這種「密度高而濃厚滑順」的口感也是義式冰淇淋的魅力之一。同時它的脂肪含量也非常低。義式冰淇淋的冰品當中，脂肪含量只有4~7%左右，是非常低的「低脂型」。

另外，義式冰淇淋基本上都是在一間店面當中製造然後販賣。這個現做現賣的「新鮮商品」正是義式冰淇淋的巨大魅力之一。

以上所說的「天然」、「密度高而濃厚滑順」、「低脂型」、「新鮮商品」這幾點，就是義式冰淇淋的基本特徵與魅力。

天然的美味

義式冰淇淋會儘可能使用新鮮的材料來製作，而不使用人工黏稠劑或防腐劑等，以天然產品為目標。牛奶及水果的自然風味是其魅力之一。

脂肪含量少的低脂型

義式冰淇淋的脂肪含量也非常低。義式冰淇淋的冰品當中，脂肪含量只有4～7% 左右，是非常低的「低脂型」美味冰品。

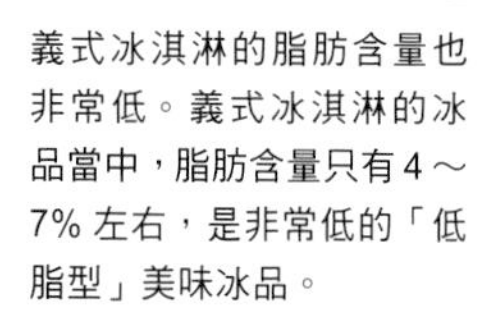

現做現賣新鮮商品

義式冰淇淋基本上都是在一間店面當中製造然後販賣。這個現做現賣的「新鮮商品」正是義式冰淇淋的巨大魅力之一。

密度高而濃厚滑順

空氣含有量在30%上下，這算是非常少的。密度高而滑順的口感也是義式冰淇淋的特徵。

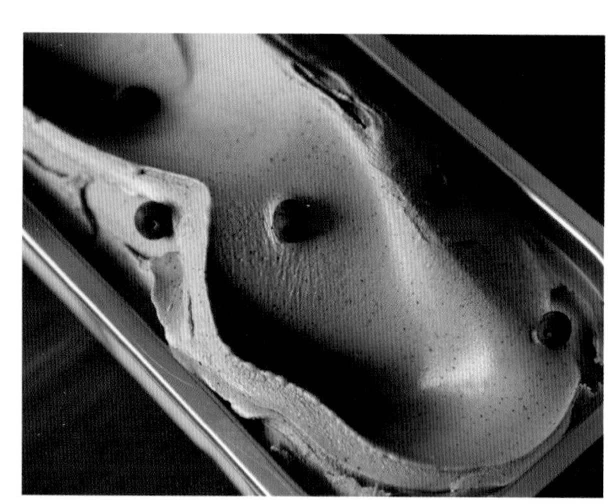

天然且新鮮，口感濃厚而滑順。如此美味的義式冰淇淋受到許多人喜愛。

而義式冰淇淋要具備這些特徵與魅力，又要達到美味可口，最重要的祕訣除了食譜以外，就是「材料的品質」了。就算說美味的秘訣有50%都在於材料的品質也實在不為過。這就顯示出了選擇材料有多麼重要。

剩下的50%，就是「水果的使用時期」、「調理暨加工技術」、「機器及工具之使用」、「保存方法」等等。

舉例來說，「水果的使用時期」會非常重要，是由於有許多水果在熟成度不同時，味道也會大相逕庭。另外，不同材料也會需要相異的「調理暨加工技術」；原料殺菌機或者霜淇淋冷凍機相關的「機器及工具之使用」；溫度管理等方面的「保存方法」也都非常重要。

左右義式冰淇淋是否美味的基本重點，大約就是上述這些項目。當然根據不同店家自己的食譜內容，口味也會有各種變化，而這正是需要大家自己去下功夫的地方。但首先最重要的，當然還是要掌握這些能夠控制美味的基本重點。

在確實學習記憶這些基本知識技術之後，再以開發出原創的美味口味為目標即可。

義式冰淇淋的美味重點

〈其他要素〉

水果的使用時期

義式冰淇淋當中使用了許多水果。而水果在熟成度不同的階段，味道也會大相逕庭，因此使用時期非常重要。

調理暨加工技術

不同水果可能需要烹煮過後使用；或者不同材料必須先做成醬料再行使用等等，調理及加工的功夫也是美味的重點。

機器及工具之使用

明白如何適當使用那些製造義式冰淇淋的機器及工具，如原料殺菌機、或者霜淇淋冷凍機等，這些相關的知識及技術也非常重要。

保存方法（溫度管理等）

就算做出了非常美味的義式冰淇淋，如果在保存的時候，有溫度管理不佳等狀況，很可能會導致品質下滑，因此也要非常留心。

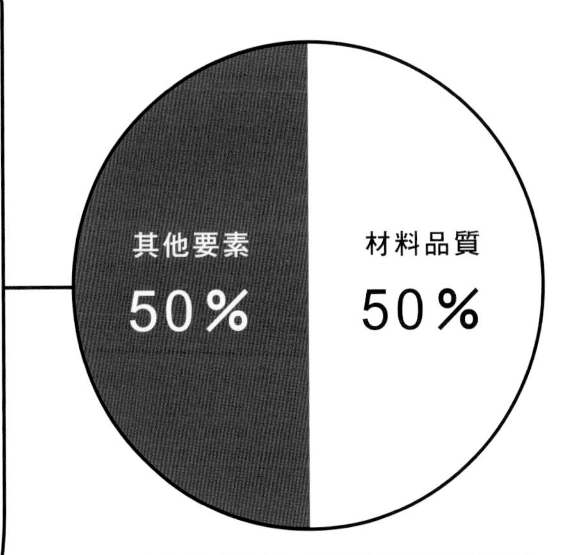

義式冰淇淋除了食譜以外，成品是否美味可口會受到「材料品質」大幅影響，另外也還有幾個會影響口味的重要因素。首先最重要的，就是要掌握這些能夠控制美味的基本重點。

日本的冰淇淋與冰品分類

在日本會以「乳固形物含量」等內容物含量做出以下區分，同時也規範了衛生標準。在販售冰淇淋類商品的時候，必須標示出以下的分類名稱及成分等內容物。以乳脂肪含量4～7%的義式冰淇淋冰品來說，在日本的分類就是「アイスミルク（ice milk）」。

分類	乳固形物含量	乳脂肪含量	大腸桿菌	細菌數
アイスクリーム（冰淇淋）	15.0%以上	8.0%以上	陰性	10萬以下／1g
アイスミルク（ice milk）	10.0%以上	3.0%以上	陰性	5萬以下／1g
ラクトアイス（lacto ice）	3.0%以上	-	陰性	5萬以下／1g
氷菓（冰品）	上述以外所有項目（乳固形物含量不滿3%）		陰性	1萬以下／1ml

※ 細菌數不含發酵乳或乳酸菌飲料中做為原料之菌數。

製作義式冰淇淋的基本流程

在製作義式冰淇淋的時候，有個基本流程。

義式冰淇淋的冰體，首先要製作「基底材料」。基底材料是使用牛奶或鮮奶油等乳製品，再混合細砂糖等糖類，拌勻之後做出的液態物質。

這個基底材料可以用來搭配水果或者巧克力、堅果等等各種材料，打造出口味豐富多變化的冰品。

基底材料又區分為「白色基底」及「黃色基底」。主要的差異在於是否有使用蛋黃。若使用了蛋黃，則液體會帶黃色，因此稱為「黃色基底」。

另外，在義式冰淇淋專賣店中，會使用名為「pasteurizer（巴氏殺菌機）」的原料殺菌機來製作基底材料。如果使用原料殺菌機製作，就能在適當的溫度下進行符合衛生標準的加熱殺菌，能夠一次大量製作基底材料。

冰淇淋（使用基底材料）		雪酪
若為使用原料殺菌機的義式冰淇淋專賣店	不使用原料殺菌機的餐廳或咖啡廳	不管是義式冰淇淋專賣店、或者餐廳及咖啡廳，基本流程都是一樣的
使用原料殺菌機製作基底材料 ▼	以單手鍋等鍋具製作基底材料 ▼	
將各種材料與基底材料放入霜淇淋冷凍機當中 ▼	將各種材料與基底材料放入霜淇淋冷凍機當中 ▼	將各種材料以攪拌機等機器攪拌均勻，放入霜淇淋冷凍機當中 ▼
完成		

在義式冰淇淋專賣店中，會使用名為「pasteurizer（巴氏殺菌機）」的專用機器，一次大量製作基底材料。另一方面，用量沒有那麼大的餐廳或咖啡廳，就會使用單手鍋等鍋具來製作基底材料。義式冰淇淋專賣店和餐廳或咖啡廳的差異就在於此。

pasteurizer（巴氏殺菌機）

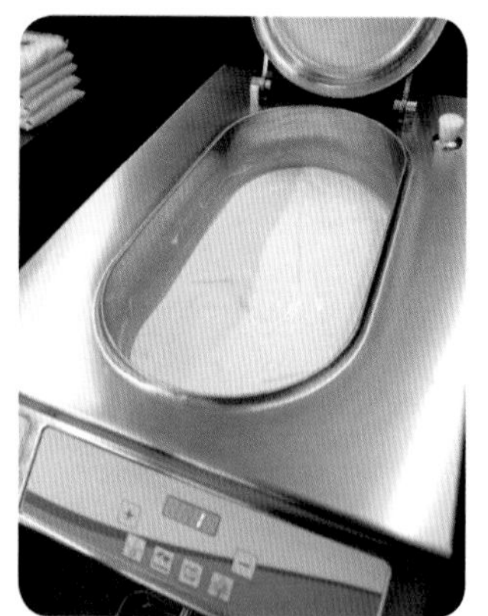

使用「pasteurizer（巴氏殺菌機）」的話，就能一邊將材料加熱殺菌以達到衛生標準，又能製作出品質穩定的基底材料。照片上的 pasteurizer（巴氏殺菌機）是義大利 Elframo 公司的產品。

另一方面，將義式冰淇淋作為甜點提供給客人的餐廳或咖啡廳，由於用量並沒有那麼大，因此會使用單手鍋等鍋具來製作基底材料。

在前段部分，雖然會有原料殺菌機和單手鍋的差別，但之後的流程則是完全相同。只要將基底材料與各種材料都放進霜淇淋冷凍機當中，就能製作出冰品。

不使用基底材料的雪酪，則是義式冰淇淋專賣店及餐廳或咖啡廳都一樣，將各種材料以攪拌機攪拌均勻之後，放入霜淇淋冷凍機當中製作。

義式冰淇淋專賣店及餐廳或咖啡廳的差異，主要是霜淇淋冷凍機的「尺寸大小」。相較於義式冰淇淋專賣店一定會使用大型的霜淇淋冷凍機；餐廳及咖啡廳就會使用較為小型的霜淇淋冷凍機。

不管是哪種情況，最需要謹記在心的就是，義式冰淇淋的製作流程當中，最為重要的就是冰淇淋的基底製作。下一頁開始會解說製作基底材料所需的基本知識及技術。

加入不同的材料
製作出各式各樣的
冰淇淋

黃色基底　白色基底

水果、巧克力、和風材料等

基底材料分為
「白色基底」及
「黃色基底」

黃色基底　白色基底

基底材料分為「白色基底」及「黃色基底」。使用了蛋黃的基底材料被稱為「黃色基底」。這兩種基底材料，能夠用來添加水果、巧克力等各種材料，搭配出千變萬化的冰淇淋口味。要使用「白色基底」或是「黃色基底」，需要考量用來搭配的材料口味是否相符。

霜淇淋冷凍機

將基底材料與各種材料放入「霜淇淋冷凍機」中，便能製作出冰淇淋。不使用基底材料的雪酪，就是將水果、糖類及水放入霜淇淋冷凍機製作。照片中為義大利 Elframo 公司的霜淇淋冷凍機。

冰淇淋的基底材料製作方式

基底材料，不管是白色基底或者黃色基底，主要材料都一樣是乳製品以及糖類。

　首先要知道的是，包含牛奶在內的乳製品，會打造出基底材料的口味。用來製作冰淇淋的乳製品，除了牛奶以外，還有鮮奶油或者脫脂奶粉等。要使用哪些材料、又要如何使用，都必須要依據各乳製品的功效、成本價格，以及製作義式冰淇淋最重要的「水分及固形物含量的平衡點」（參考20頁），綜合以上觀點來決定。

　另一方面，糖類基本上是以細砂糖為主要使用材料，但必須謹記，在義式冰淇淋當中，「糖分比例」也是非常重要的。糖分的比例除了與甜度息息相關以外，也會影響冰點溫度。關於糖類的詳細知識還請參考20頁的解說。

　以下介紹的基底材料，是綜合考量過美味度及成本價格方面後，所撰寫出來的食譜。是具有相當濃純度及牛奶風味，且同時將甜度納入考量的「推薦食譜」。

基底材料主要材料

乳製品

脫脂奶粉

脫脂奶粉是將生乳或牛乳去除乳脂肪後，再去除水分，乾燥成為粉末狀的商品。為了增添牛奶風味會使用此商品。

基底材料使用的乳製品，主要材料是牛乳及鮮奶油。本書當中使用的是乳脂肪含量在3.5%以上的牛奶，以及含量40%的鮮奶油。

乳化安定劑

「乳化劑」和「安定劑」也具有非常重要的功效（參考29頁）。舉例來說，安定劑具有能讓口感變的滑順的效果。

※ 本書的基底材料使用的乳化安定劑，是「使用量範圍」在0.6%～1%的產品（以糖增量的產品），介紹的食譜當中，材料1000g會使用10g的乳化安定劑（18頁的「綿密香草基底材料」則為6g）。另外也有不以糖增量的乳化安定劑，使用量範圍約在0.2%～0.5%左右，還請配合使用範圍來調整用量。

糖類

細砂糖

義式冰淇淋使用的是細砂糖。細砂糖的純度高、甜度品質也好，是全世界廣泛使用的糖類。

海藻糖

使用「海藻糖」的話，能夠抑制甜度，同時又做出口味及口感皆佳的義式冰淇淋（參考24頁）。本書使用的海藻糖是株式會社林原（Hayashibara Co., Ltd.）的「トレハ」。

本書使用此基底材料製作35頁以後介紹的冰淇淋

基底材料食譜

黃色基底材料

〈材料〉

牛奶……685g
鮮奶油……90g
冷凍蛋黃(20%加糖)……37g
脫脂奶粉……30g
細砂糖……103g
海藻糖……45g
乳化安定劑……10g

合計1000g

白色基底材料

〈材料〉

牛奶……680g
鮮奶油……120g
脫脂奶粉……30g
細砂糖……115g
海藻糖……45g
乳化安定劑…10g

合計1000g

※關於乳化安定劑的使用量，請參考12頁的注釋

製作方法

※使用巴氏殺菌機

①將牛奶、鮮奶油放入巴氏殺菌機。（※設定低速攪拌到40℃為止。若無法設定低速攪拌到40℃，就等到40℃時再加入鮮奶油）

②等到巴氏殺菌機溫度達到40℃之後，將已經事先拌勻的脫脂奶粉、細砂糖、海藻糖及乳化安定劑都倒入機器當中。（※黃色基底要在這之後放入已先解凍完成的蛋黃）

③等到了120分鐘左右，基底材料就完成了。將完成的基底材料移到另外的容器當中。

事先混合拌勻粉末類，才不會發生結塊現象

如果使用巴氏殺菌機，只需要按照順序把材料放進去，便能輕鬆完成基底材料，但在放置粉末類的時候必須稍微留意一下。事先將脫脂奶粉、細砂糖、海藻糖及乳化安定劑等粉末類徹底混合拌勻，就不容易結塊。

使用基底材料就能製作的基本冰淇淋

使用白色基底製作的牛奶冰淇淋
(fior di latte)
MILK ICE MADE OF WHITE BASE

〈材料〉

白色基底材料……1000g	
	合計1000g

〈製作方式〉

將白色基底材料放入霜淇淋冷凍機當中。

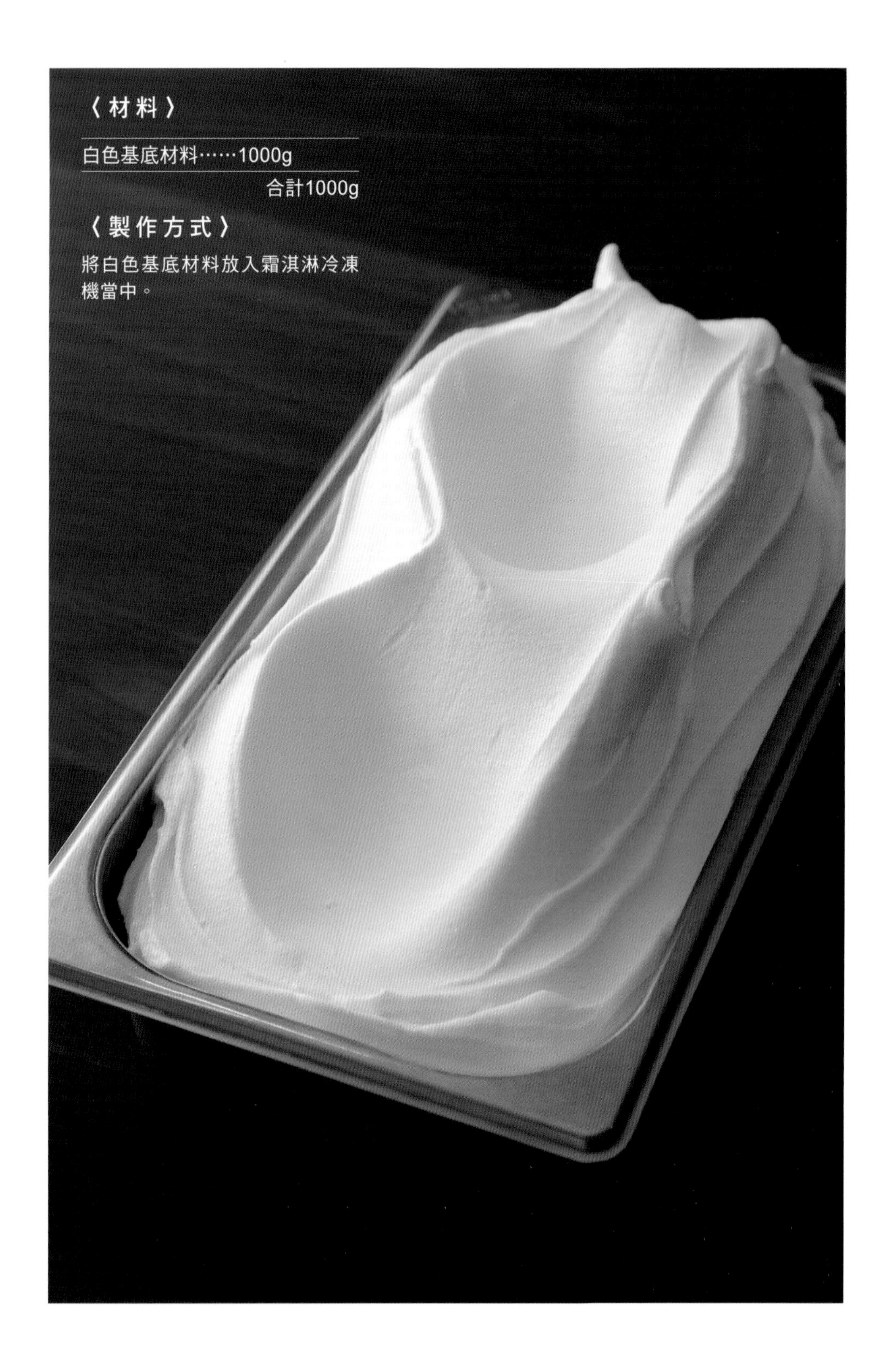

本章介紹的是使用13頁的基底材料，就能夠做出來的「基本款冰淇淋」。義式冰淇淋的冰淇淋，基本上是使用基底材料搭配各種素材，做出千變萬化、五彩繽紛的口味與外觀，但就算只用白色基底或黃色基底，也能夠做出非常美味可口的「基本款冰淇淋」。

這裡所介紹的兩道食譜，是只需要將白色基底材料放入霜淇淋冷凍機便能製作出來的「牛奶冰淇淋」；以及幾乎只用了黃色基底，僅僅添加一些香草莢的香氣，便能完成的「香草冰淇淋」。這兩款都是許多人都會覺得親切無比的口味，可說正是基本口味的冰淇淋。

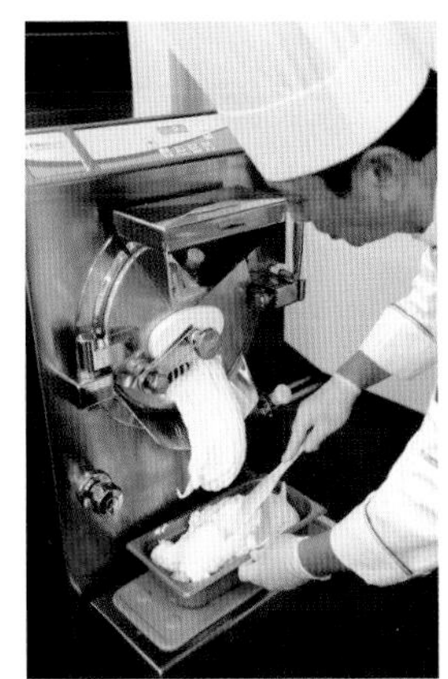

「牛奶冰淇淋」只要將白色基底材料放入霜淇淋冷凍機就能完成。能夠直接品嚐到牛奶的美味。

使用黃色基底製作的香草冰淇淋

VANILLA ICE MADE OF YELLOW BASE

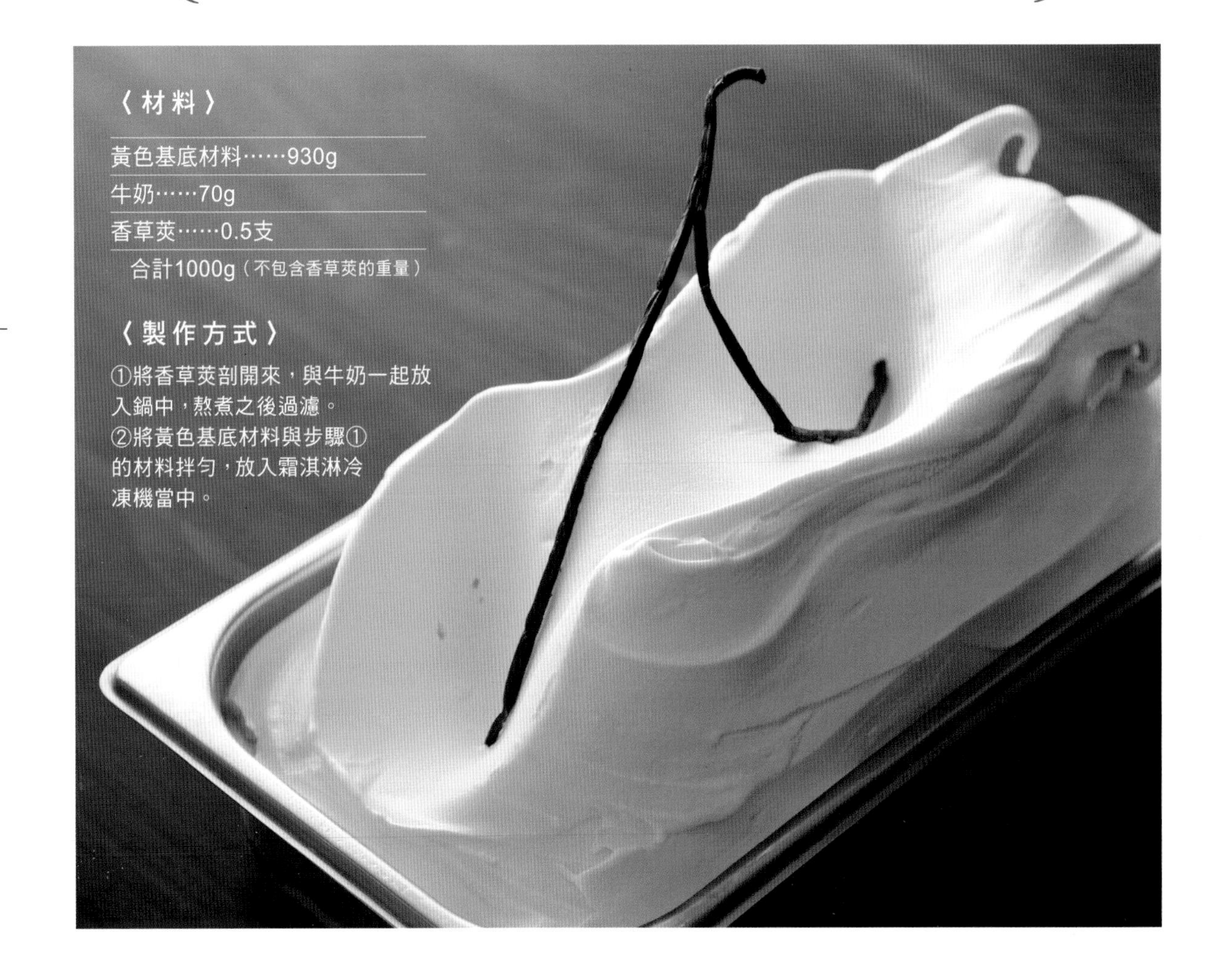

基底材料以外的其他食譜範例

營造自然乳感

基底材料的食譜，會由於「目標設定的口味」而在材料或份量方面有所變動。13頁介紹的基底材料食譜，是特別將重點放在口味香甜濃郁，並在甜度及口感滑順方面下了一番功夫，但如果希望將口味做成「想要更有牛奶風味一些」、「希望增添濃郁感」等等「特定目標」的話，那麼也可以稍微變化一下食譜內容。以下介紹的就是其中幾種範例。

舉例來說，13頁的食譜中並未使用的脫脂濃縮牛奶，以下也有使用範例。脫脂濃縮牛奶在市面上並未廣泛流通，因此價格可能會稍高一些，但如果用這種牛奶，便能打造出「更加自然的牛奶風味」。另外一個範例則是大量添加鮮奶油，便能使得基底材料擁有更加濃郁的口味。

另外，使用不同的糖類，也會改變成品的甜度以及口感。下面介紹的基底材料食譜當中，有使用水飴*的範例，這是為了要讓口感變得更加滑順。

＊水飴：日本的一種透明液態糖漿，常作為和菓子的材料。

example 1　使用脫脂濃縮牛奶的範例

此食譜不使用脫脂奶粉，而是使用脫脂濃縮牛奶。脫脂濃縮牛奶是將牛乳去除乳脂肪之後濃縮的牛奶，能夠打造出「更加自然的牛奶風味」。

黃色基底

〈材料〉

- 牛奶…495g　鮮奶油…95g
- 脫脂濃縮牛奶…180g
- 冷凍蛋黃（20%加糖）…37g
- 水飴…50g
- 細砂糖…103g　乳化安定劑…10g
- 海藻糖…30g

合計1000g

白色基底

〈材料〉

- 牛奶…490g　鮮奶油…130g
- 脫脂濃縮牛奶…180g
- 水飴…50g
- 細砂糖…110g　乳化安定劑…10g
- 海藻糖…30g

合計1000g

※關於乳化安定劑的使用量，請參考12頁的注釋

<製作方式>

①將牛奶、鮮奶油、脫脂濃縮牛奶放入巴氏殺菌機中（※設定低速攪拌到40℃為止。若無法設定低速攪拌到40℃，就等到40℃時再加入鮮奶油）。

②等溫度達到40℃之後，將已經事先拌勻的細砂糖、海藻糖及乳化安定劑都倒入機器當中，然後倒入水飴。（※黃色基底要放入已先解凍完成的蛋黃）

水飴

水飴是義式冰淇淋會使用的糖類中的一種。具有讓口感更加滑順的效果。本書當中使用的水飴是株式會社林原（Hayashibara Co., Ltd.）的「ハローデックス」。

濃郁香醇的魅力

example 2 大量使用鮮奶油的食譜範例

此為大量使用鮮奶油的「高脂款」(乳脂肪含量15%)的基底材料食譜範例。
鮮奶油的濃厚香醇感是最大魅力。

<製作方式>

①將牛奶、鮮奶油、脫脂濃縮牛奶都放進巴氏殺菌機中(設定低速攪拌到40℃為止。若無法設定低速攪拌到40℃,就等到40℃時再加入鮮奶油)。
②到了40℃以後,將已經事先攪拌均勻的細砂糖、海藻糖、乳化安定劑放進機器中,接下來將水飴、解凍完成的冷凍蛋黃也放進去。最後將剝開來的香草莢連同網籃一起放進去,吊在巴氏殺菌機當中烹煮。(※要非常注意網籃不可以勾到攪拌翼。另外,用這種方式將香草莢放在巴氏殺菌機當中,香草味會非常鮮明,因此香草莢只需要用上0.2支的極小量(每1000g)。另外,若殺菌溫度設定為高溫殺菌的85℃,能讓雞蛋味變得比較溫和)

〈材料〉

牛奶…243g
鮮奶油…315g
脫脂濃縮牛奶…245g
冷凍蛋黃(20%加糖)…37g
細砂糖…90g
海藻糖…20g
水飴…40g
乳化安定劑…10g
香草莢…(0.2支)
合計1000g(不包含香草莢的重量)

※關於乳化安定劑的使用量,請參考12頁的注釋

可可粉

example 3 「巧克力口味基底材料」的食譜範例

使用了可可粉作為原料的基底材料,能夠用來作為各種巧克力冰淇淋的基底。

<製作方式>

①將牛奶和鮮奶油放進巴氏殺菌機中(※設定低速攪拌到40℃為止。若無法設定低速攪拌到40℃,就等到40℃時再加入鮮奶油)。
②到了40℃以後,將已經事先攪拌均勻的脫脂奶粉、可可粉、細砂糖、海藻糖、乳化安定劑放進機器中,最後把水飴放進去。(※殺菌溫度若設定為高溫殺菌的85℃,可凸顯出可可亞的風味,較為美味)

〈材料〉

牛奶…655g
鮮奶油…80g
脫脂奶粉…20g
可可粉…55g
細砂糖…110g
海藻糖…30g
水飴…40g
乳化安定劑…10g
合計1000g

※關於乳化安定劑的使用量,請參考12頁的注釋

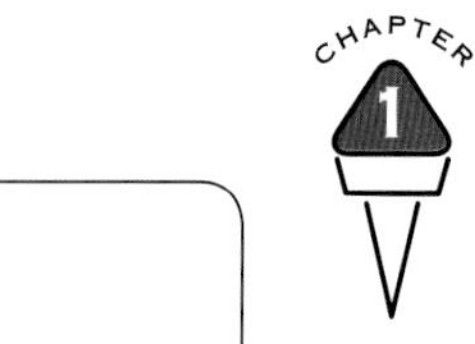

example 4 特別推薦給餐廳或咖啡廳的「綿密香草基底材料」

「綿密香草基底材料」的特徵是使用了大量的蛋黃。活用蛋黃的風味，能夠做出豐富的口感，非常建議用來作為餐廳或咖啡廳的甜點，以下介紹的是使用單手鍋製作的步驟。

<製作方式> ※使用單手鍋

①將香草莢由側面剖開，以湯匙刮出裡面的香草籽備用。

②將脫脂奶粉、海藻糖、乳化安定劑放入大碗中，仔細攪拌均勻。

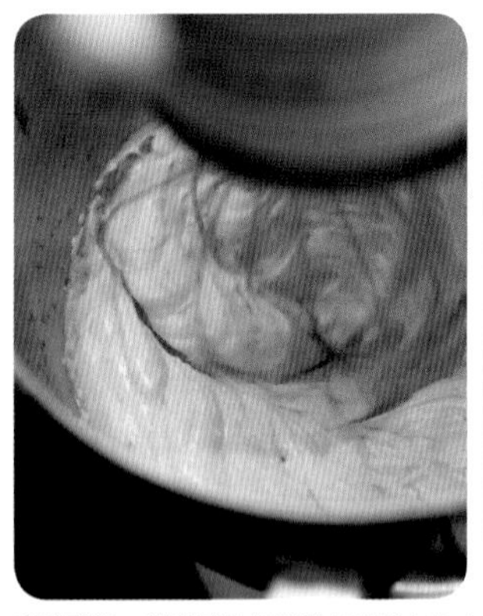

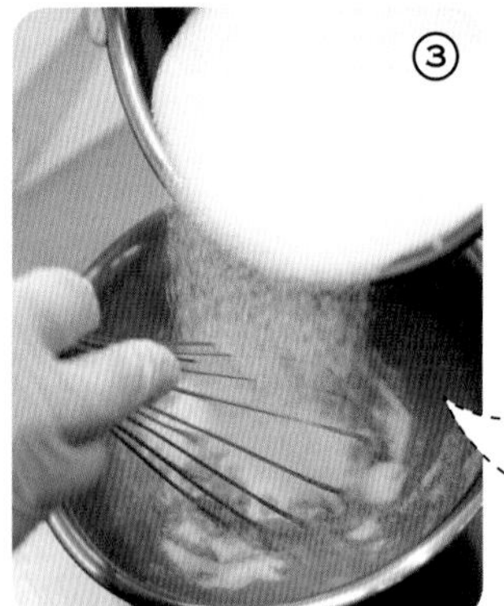

③將蛋黃、細砂糖以打蛋器打至發白為止，務必要均勻。

〈材料〉

牛奶…634g
鮮奶油…70g
蛋黃…100g
脫脂奶粉…30g
細砂糖…120g
海藻糖…40g
乳化單定劑…6g
香草莢…0.5支

合計1000g（不包含香草莢的重量）

※關於乳化安定劑的使用量，請參考12頁的注釋

雞蛋要仔細去除蛋白部分

使用的蛋黃，最重要的一點就是要仔細去除蛋白的部分。食譜上的蛋黃份量「100g」是完全去除蛋白之後狀態的重量。如果沒有仔細去除蛋白的話，很可能造成份量有所誤差。

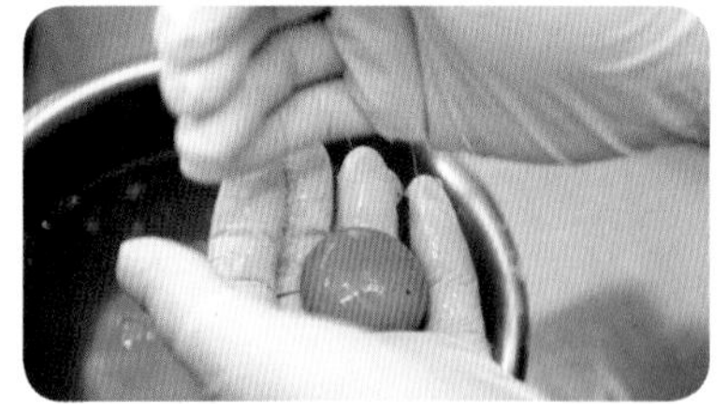

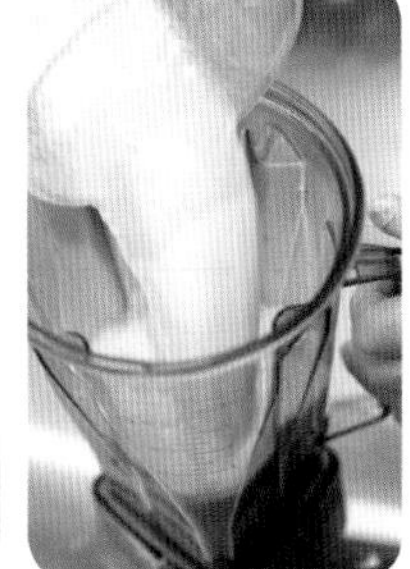
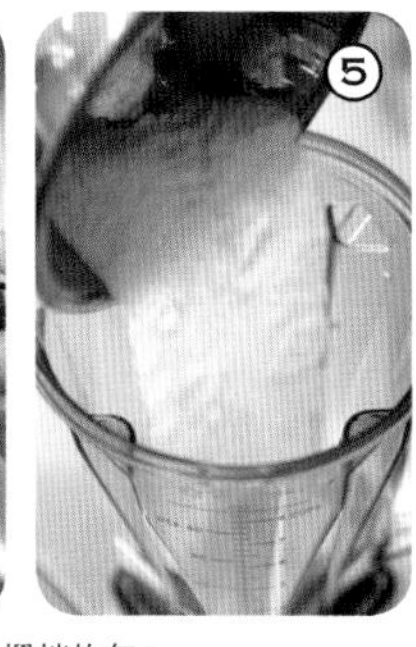

⑤取出香草莢，與步驟②的材料一起倒入攪拌機中，攪拌均勻。

④將牛奶與步驟①的材料放入鍋中，並加入香草莢與香草籽，加熱到40度左右。

⑥將步驟⑤的材料倒回鍋中，加熱到80℃後過濾。

⑦混合步驟③和⑥的材料。一邊攪拌③，一邊慢慢加入⑥。

⑧將鮮奶油加進步驟⑦的材料當中，以小火加熱至80℃。關火冷卻便完成。

使用綿密香草基底材料製作的冰淇淋

以「綿密香草基底材料」製作的冰淇淋，非常濃郁也風味十足，直接提供此簡單口味，客人應該也會很開心。也可以裝飾一些水果、或者淋上巧克力醬等，就能成為一道魅力十足的甜點。

「水分及固形物含量的平衡點」與「糖分比例」

Point 1

「水分」與「固形物含量」的平衡點

冰淇淋（使用基底材料製成）的基本平衡是這樣的數值

基本上是這樣的數值。下表中記載之冰淇淋主要固形物含量，為各自大致上的數值。

固形物含量

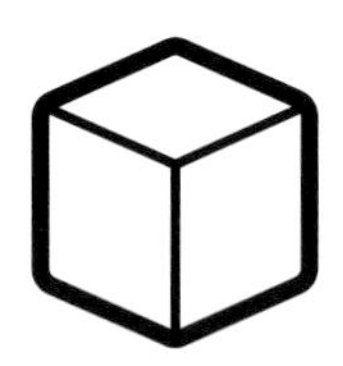

32%～42%

水分

58%～68%

冰淇淋（使用基底材料製成）的固形物含量內容範例

固形物分類	食品名稱	固形物含量約略數值	
		最少	最多
糖分	□細砂糖　□葡萄糖 □海藻糖　□水飴	16%	22%
脂肪	□牛奶、鮮奶油中的脂肪 □蛋黃中的脂肪　□奶油	6%	12%
無脂乳固形物	□脫脂奶粉　□脫脂濃縮牛奶 □牛奶、鮮奶油、煉乳等所含之無脂乳固形物	8%	12%
其它固形物	□食品中含的固形物 □乳化劑　□安定劑	0%	5%

雪酪的基本平衡數值則如下

雪酪主要是以水、糖類及水果製成，因此固形物幾乎就是糖分，平衡數值大約如此。

固形物含量

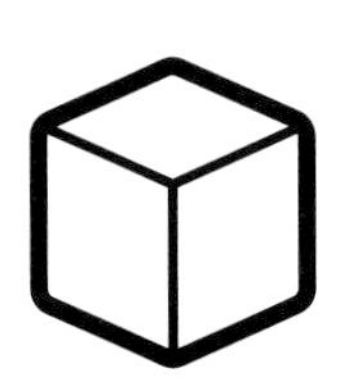

26%～34%

水分

66%～74%

Point 2
整體之中「糖分」所占的比例

「糖分」的比例會大幅改變冰品結晶的大小等

糖分比例		
	較少	較多
□甜度、風味……	較弱	較強
□冰點溫度……	較高	較低
□冰晶……	較大	較小
□光澤……	不易有光澤	容易有光澤

「糖分比例」除了改變甜度以外，也會大幅影響冰點溫度及結晶狀況。在製作義式冰淇淋的時候，「糖類的使用方式」是非常重要的一點。

本篇章當中解說的是，製作義式冰淇淋時特別重要的知識，包含「水分及固形物含量的平衡點」與「糖分比例」。

在8～9頁當中也有解說，義式冰淇淋是否美味可口的重點之一，就在於「材料的品質」。但不管味道本身有多好，若是放入口中的口感不好的話，也不能稱為好吃的義式冰淇淋。由此看來，製作義式冰淇淋時，「水分及固形物含量的平衡點」很重要，而當中與「糖分比例」相關的知識更是不可輕忽。

首先，義式冰淇淋的冰淇淋當中，基本上水分大約是58～68%、固形物含量則在32～42%的範圍內。水分如果多於68%，則冰晶會變得更大，就會成為有沙沙口感的冰淇淋。

相反地，水分若低於58%，就會變成黏糊糊、口感非常沉重的冰淇淋了。為了不要發生上述兩種情況，冰淇淋的食譜最好依照20頁上所刊載的糖分、脂肪含量、無脂乳固形物含量的份量計算過後，再寫成食譜（22頁會介紹計算範例）。

另一方面，雪酪的「水分及固形物含量的平衡點」當中，水分佔66～74%、固形物含量則為26～34%。這是由於使用基底材料製作的冰淇淋當中，會含有脂肪或無脂乳固形物；但雪酪主要是以水、糖類、水果製作而成，固形物幾乎就只有糖分，因此平衡點數值也不太一樣。

另外，義式冰淇淋的材料所含的固形物，對於完成狀態影響特別大的，就是「糖分」。材料整體中「糖分比例」不僅僅會影響甜度，也將對冰點溫度及冰晶大小產生影響，是否製作出口感良好的雪酪，這將是非常重要的一點。關於「糖分比例」，會在24頁的「糖類使用方法相關知識」及26頁的「水果使用方式相關知識」當中，有更加詳盡的相關重要知識解說。

此外，除了糖分以外的「固形物含量」也都具有各自的功能。首先，「脂肪含量」會為冰品帶出風味及濃郁感，且擁有緩和冰冷感的效果。「無脂乳固形物」是去除了牛奶中脂肪水分的固形物（脫脂奶粉），因此可以使得冰品更有牛奶的風味。

「其它固形物含量」則是食品當中所含的礦物質及維生素等、以及食物纖維、食品添加物（乳化劑、安定劑）等物質。另外，關於「乳化劑」及「安定劑」的基本知識，將在29頁進行解說。

基底材料固體含量的計算範例

以下是以13頁介紹的基底材料「白色基底」為範例，介紹固體含量的計算範例。數字會非常精細，不過如果將所有材料分開計算，就能夠得到固體含量的合計總量。另外，在24頁的「糖類使用方法相關知識」中有解說，糖份中的「海藻糖」包含約有10%的水分，因此計算的時候「×90%」才是它的固體含量。「脫脂奶粉」則是1%的「乳脂肪量」、以及95%的「無脂乳固形物」。另外，本書當中使用的「乳化安定劑」為了容易計量，因此是使用添加了糖分的款式，會將固體含量一起算進去。另外，使用此基底材料與各種材料製作而成的冰淇淋，脂肪量大約都是在5～6%。

例）13頁白色基底的材料

牛奶（乳脂肪分3.5%、無脂乳固形物8.3%）……680g
鮮奶油（乳脂肪分45%、無脂乳固形物5%）……120g
脫脂奶粉……30g
細砂糖……115g
海藻糖……45g
乳化安定劑……10g

合計1000g

(1)糖分的計算方式

細砂糖	115g×糖分100%÷合計1000g×百分率100=11.50%
海藻糖	45g×糖分90%÷合計1000g×百分率100=4.05%
乳化安定劑	10g×糖分50%÷合計1000g×百分率100=0.50%
	16.05%

(2)脂肪量的計算方式

牛奶（3.5%）	680g×乳脂肪分3.5%÷合計1000g×百分率100=2.38%
鮮奶油（45%）	120g×乳脂肪分45%÷合計1000g×百分率100=5.4%
脫脂奶粉（1%）	30g×乳脂肪分1%÷合計1000g×百分率100=0.03%
	7.81%

(3)無脂乳固體含量的計算方式

牛奶(8.3%)	680g×無脂乳固體含量8.3%÷合計1000g×百分率100=5.64%
鮮奶油(5%)	120g×無脂乳固體含量5%÷合計1000g×百分率100=0.60%
脫脂奶粉(95%)	30g×無脂乳固體含量95%÷合計1000g×百分率100=2.85%
	9.09%

(4)其他固體含量

乳化安定劑	10g×其他固體含量50%÷合計1000g×百分率100=0.5%
	0.5%

(5)固體含量合計

(1)+(2)+(3)+(4)

糖分	16.05%
脂肪分	7.81%
無脂乳固形分	9.09%
其他固體含量	0.5%
	合計 33.45%

(6)水分率 100% - (5)

100%-固體含量合計(33.45%)=66.55%

合計 66.55%

使用電腦的Excel表計算之計算範例

活用電腦的Excel計算表，便能輕鬆節省計算的功夫。只要能好好活用，那麼不需要花太多時間，就能夠計算出固體含量的份量了。

材料	份量	水分	糖分	乳脂肪量	其他脂肪量	無脂乳固體含量	其他固體含量	固體含量合計
牛奶(3.5%、8.3%)	680.0	599.8	0.0	23.8	0.0	56.4	0.0	80.2
鮮奶油(45%、5%)	120.0	60.0	0.0	54.0	0.0	6.0	0.0	60.0
脫脂奶粉	30.0	1.2	0.0	0.3	0.0	28.5	0.0	28.8
細砂糖	115.0	0.0	115.0	0.0	0.0	0.0	0.0	115.0
海藻糖	45.0	4.5	40.5	0.0	0.0	0.0	0.0	40.5
乳化安定劑	10.0	0.0	5.0	0.0	0.0	0.0	5.0	10.0
合計	1000.0	665.5	160.5	78.1	0.0	90.9	5.0	334.5
100.0%	100.0%	66.55%	16.05%	7.81%	0.0%	9.09%	0.5%	33.45%

「膨脹率」相關知識

「吸收的空氣含量」以專門用語來說，就是「膨脹率」。膨脹率的計算方法，有如下圖所標示的「由重量來進行計算的方式」。舉例來說，「材料總重量」為1000g，而將製作完成的義式冰淇淋裝進同等容量的容器當中，若重量為770g，則1000－770＝230。230÷770＝0.298……這樣的情況，則膨脹率大約是30%。這個膨脹率的數值越高，就表示成品「較為輕盈」。

舉例來說，最容易理解的就是霜淇淋。霜淇淋的膨脹率大約是40～60%，是非常高的數值，因此是會給人感覺蓬鬆軟綿的「輕盈狀態」另一方面，義式冰淇淋的膨脹率大約在30%上下，在冰淇淋當中算是膨脹率偏低的類別。正是因為膨脹率較低，因此義式冰淇淋通常給人「密度較高、濃醇」的口感。

那麼，究竟是哪些因素會影響膨脹率的數值，導致膨脹率有所變化呢。主要的原因就在「材料」以及「完成時的溫度」這兩點。首先最基本的就是，固體含量會進入水分當中，因此該固體物是否能夠達到帶入空氣的功效，就會有所差異。不同的材料有能夠提高膨脹率者，也有妨礙膨脹率增加的物品。舉例來說，容易提升膨脹率的材料，有脫脂奶粉和蛋黃等。容易壓低膨脹率的材料，則是含有大量油分的食物、又或者含有大量糖分的物品。而能夠拉高膨脹率的脫脂奶粉，一旦使用過量，一樣會造成膨脹率的停滯，因此不管是哪種材料，最重要的就是注意是否「適量」，因此還是先稍微記憶一下哪些材料會妨礙膨脹率、哪些又能夠幫助膨脹率增加會比較好。

另一方面，「完成時的溫度」，我直接將「膨脹率變化範例」製作為下面的圖表。這只是範例之一，材料若為柔軟狀態，就容易將空氣包覆進去；若是過冰而凝固的話，就會將空氣擠出來，因此「完成時的溫度」會影響膨脹率的數值。

膨脹率的計算方法（由重量計算）

$$\frac{\text{a：材料總重量} - \text{b：完成之義式冰淇淋總重量}}{\text{完成之義式冰淇淋總重量}} \times 100 = \text{膨脹率}$$

※a和b是裝進相同容量之容器後測量所得的重量

膨脹率變化範例

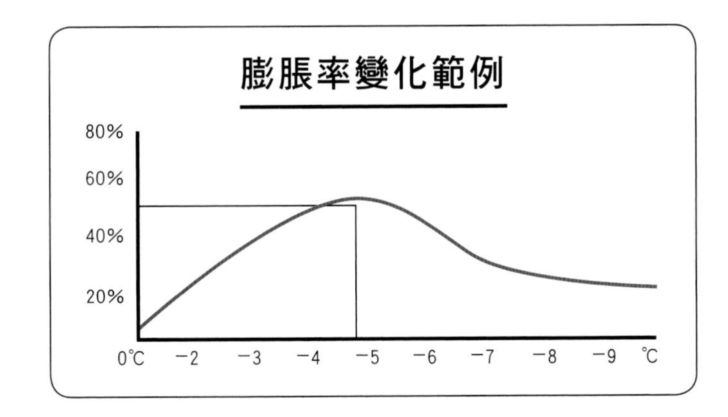

〈容易幫助膨脹率的材料〉

- □蛋黃
- □安定劑
- □脫脂奶粉 etc.

〈容易妨礙膨脹率的材料〉

- □包含大量油分的食物（堅果醬、巧克力醬等）
- □包含大量糖分的食物 etc.

糖類使用方法相關知識

糖類很容易被誤認為就只是讓食物變甜的材料，但事實上並非如此。首先向大家說明糖類的功用。

①添加甜度：冰淇淋或雪酪會在冰冷狀態下食用，此時人的味覺較不容易感受到甜味，因此使用糖類能夠讓人更容易感受到美味的甜度。

②降低冰點溫度：在21頁也有解說，添加糖類之後冰點溫度便會下降。水在0℃就會結凍，但砂糖水必須要在更低的溫度下才會凝固。

③縮小冰晶：若是水分凍結之後，水分子會變硬且結合在一起、變成大片的結晶，而若冷凍的是砂糖水，那麼冰晶周圍會被砂糖水包圍，因此會維持在小結晶的狀態。糖分越多，冰晶就會越小、組織也較為穩定，製作出來的冰品會比較滑順。相反地，若糖分過少，就無法做出滑順的口感。

④提升風味：糖類具有能夠提升水果等素材香氣的功用。舉例來說，果汁含量100%的柳橙汁若以等量的水來稀釋，那麼飲用的時候就會覺得風味減弱，但若加了砂糖進去、增加一些甜味，即使是稀釋過的柳橙汁，也能讓人覺得風味未減。

如上所述，糖類其實有非常大的功效。但是，若放了太多糖類，也會造成「甜膩」、「黏稠」等負面效果。因此，重要的技巧就是將一部份細砂糖「替換」成其他糖類。雖然希望抑制甜膩感，但若是單純減少細砂糖，那麼可能會造成糖分過少，而無法達到滑順的口感，因此只要活用甜度較低的糖類，就能不減少糖份量卻壓低甜膩口感。

細砂糖與其他糖類的甜度比較如下表所示。另外在25頁會介紹以「雪酪的食譜範例」來計算如何使用海藻糖在不改變糖類用量的情況下，降低甜度。除了細砂糖以外，要使用哪些糖類、用量又是多少。這些都會影響成品的目標口味，因此建議要加深自己的糖類使用方法知識。

糖類甜度

品名	水分	糖分（固體含量）	甜度（以砂糖為100來計算固體含量的數值）
細砂糖	0%	100%	100
海藻糖	10%	90%	38
水飴	28%	72%	27
葡萄糖	9%	91%	61

本書當中除了細砂糖以外，使用的糖類包含海藻糖（トレハ／林原株式會社（Hayashibara Co., Ltd.）以及「水飴」（ハローデックス／林原株式會社（Hayashibara Co., Ltd.）。海藻糖約含有 10% 的水分；水飴則含有約 28% 的水分。將細砂糖的甜度訂為 100 的話，海藻糖的甜度約為「38」；水飴的甜度則為「27」，兩者都非常低，因此將一部分的細砂糖，替換為這兩種糖類的話，就不會減少糖類用量、卻能降低甜度。另外，糖類使用方法方面，基本上的思考方式是，為了保留「清爽且清晰的甜味」而使用大約七成左右的細砂糖；剩下的三成左右就替換為其他糖類。另外，使用海藻糖的理由是「甜度低但非常俐落」。海藻糖除了保水力強等，也具備其他非常優秀的特性。使用林原的水飴則是由於此商品「甜度非常低、比起其他水飴來說口感也較為清爽，可以抑制海藻糖的糖化結晶、也具備適度黏性」。

不改變糖分使用量但降低甜度

例．使用海藻糖來使糖類甜度下降至85%

改變後

雪酪的食譜範例（總量1000g當中含糖分270g／甜度230）

材料	使用量	糖份量
①蘋果	400g	56g 蘋果含糖量14%
②檸檬	10g	1g 檸檬含糖量0.76%
③安定劑	10g	5g 糖分混合量50%
④細砂糖	143g	143g（甜度143） 細砂糖的糖份量100%
⑤海藻糖	72g	65g（甜度25） 海藻糖的糖份量90%
⑥水	365g	0g 0%
合計量	1000g	270g（甜度230） 糖分合計（甜度合計）

原先食譜

雪酪的食譜範例（總量1000g當中含糖分270g／甜度270）

材料	使用量	糖份量
①蘋果	400g	56g 蘋果含糖量14%
②檸檬	10g	1g 檸檬含糖量0.76%
③安定劑	10g	5g 糖分混合量50%
④細砂糖	208g	208g（甜度208） 細砂糖的糖份量100%
⑤水	372g	0g 0%
合計量	1000g	270g（甜度270） 糖分合計（甜度合計）

將一部分細砂糖替換為海藻糖，改變前後的食譜就能在不改變糖分用量的情況下將甜度從「270」降低到「230」。下面介紹的則是配合想將糖類甜味調整為幾 % 的數值，來計算將細砂糖替換成其他糖類時，應該要使用多少用量的計算式範例。另外，由於海藻糖含水分，因此改變後的食譜當中，材料當中的「水」用量就必須減少（372g → 365g）。

計算式範例

	水分	糖分	甜度
細砂糖	0%	100%	100
海藻糖	10%	90%	38

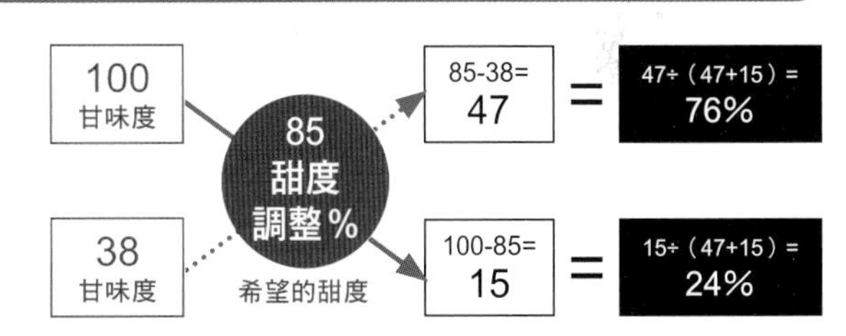

	原先糖份量及使用量率		使用量率下之糖份量		使用量與甜度	
	糖份量	使用量率	糖份量 糖分合計×使用量率	水分量率	添加糖之使用量	甜度
細砂糖	208g	76%	270×76%=205g	0%	205g-62g=143g （糖份量-水果與安定劑的糖份量）	143
海藻糖		24%	270×24%=65g	10%	65g÷（100%-10%）=72g （由水份量計算使用量）	25
水果與安定劑中所含糖份量	62g					62
合計	270g					230

水果使用方式（水果雪酪）相關知識

義式冰淇淋會使用各式各樣的水果。尤其是雪酪，大多數會使用水果來製作。因此，水果的使用方式知識也非常重要。以下就以「水果雪酪」的水果使用方式為中心進行解說。

首先，在製作水果雪酪的時候，水果的使用量，基本上是以「不同水果各自的風味及香氣」來決定的。

舉例來說，檸檬就算只放少量到口中，也能感受到非常強烈的酸度。由於風味非常強烈，因此佔材料整體使用量的比例就會比較少。「檸檬雪酪」中使用的檸檬果汁使用量，大約是15～20%。整體為1000g話，只會使用150g～200g左右。

另一方面，草莓或哈密瓜等，和檸檬相比，其風味（尤其是酸度）並沒有那麼強烈。因此使用量也會比較多。兩種大約都是30～40%左右，整體若為1000g的話，會用到300～400g。也就是要

水果的使用量，會因其風味及強度而有所改變

水果範例	使用量對整體量的約略比例
●檸檬 ●百香果	15%～20% （整體1000g用150g～200g）
●奇異果 ●木瓜 ●芒果 ●李子	20%～30% （整體1000g用200g～300g）
●草莓 ●橘子 ●鳳梨 ●桃子 ●洋梨 ●哈密瓜	30%～40% （整體1000g用300g～400g）
●西瓜	40%～60% （整體1000g用400g～600g）

水果、蔬菜的糖度（糖分）範例（※數值為約略數字，並不一定就是這樣的數值。）

- ☐番茄…5～6%
- ☐草莓…8～9%
- ☐檸檬…7～8%
- ☐木瓜…9%
- ☐西瓜…9～12%
- ☐番薯…8～12%
- ☐桃子…10%
- ☐李子…10%
- ☐葡萄柚…10～11%
- ☐夏橙…10～12%
- ☐藍莓…11%
- ☐溫州蜜柑…11～14%
- ☐鳳梨…11%
- ☐日本梨…13%
- ☐哈密瓜…13～15%
- ☐奇異果…13～16%
- ☐蘋果…14%
- ☐洋梨…14～15%
- ☐玉米…14～17%
- ☐葡萄…15～20%
- ☐柿子…15～17%
- ☐芒果…17%
- ☐南瓜…19～20%
- ☐香蕉…22%

用到這樣的用量，才能夠做出確實感受到草莓或哈密瓜風味的雪酪。26頁上方的表格，是以幾種水果為範例，大致統整出來的使用量約略比例。當然，這只是一個大概的數字，根據製作者想做的口味不同，水果的使用量也會有所改變，不過希望大家能夠明白，就如同此表所示，必須根據各種水果的風味及香氣進行調整，才會是所謂的「適量」。

另外，製作水果雪酪的時候，還有一點非常重要。「必須根據水果的糖度（糖分）來改變添加的糖類份量」。如同20～21頁所解說的，雪酪的固體含量（幾乎都是糖分）基本上是在26～34%的範圍內，但每種水果的糖度（糖分）都各不相同。如26頁下表所整理的，有糖度（糖分）在10%以下的材料；也有高達20%左右的材料。因此，必須配合使用來製作雪酪的水果本身糖度（糖分），來改變添加的糖類份量，以免造成糖類過少又或過多。

因此基本上來說，若是水果的糖度（糖分）較高（較多）的時候，添加的糖類就要減少一些；相反地，若是水果糖度（糖分）較低（較少）的話，那麼添加的糖類就必須要增加。

如前所述，以水果雪酪來說，「水果使用量會因其風味及香氣強度而有所改變」、「添加的糖類用量會因水果糖度（糖分）而有所改變」這兩點，是非常重要的知識。若在冰淇淋當中使用水果，也要稍微考量一下這兩點，不過若是冰淇淋，還必須要考量與基底材料的平衡，來決定水果及糖類的使用。

另外，大多數的水果，都含有糖分以外的固體含量，大約是3%左右。舉例來說，草莓的水分約占90%、糖分約有7%、剩下的3%是食物纖維等固體含量。雖然份量非常少，但仍然必須要記得，水果本身包含糖分以外的固體含量物質。

最後，本書當中介紹的水果雪酪，幾乎都有使用少量的檸檬果汁。由於雪酪是使用水來製作的，因此添加檸檬果汁，來為被水稀釋的水果補回一點酸味。

根據不同水果的糖度（糖分），添加的糖類用量也會有所改變

水果的糖度高（糖分多） ▶ 添加的糖類用量要減少

水果的糖度低（糖分少） ▶ 添加的糖類用量要增加

使用水果的雪酪糖分調整範例

哈密瓜雪酪

〈材料〉

材料	份量
新鮮哈密瓜果肉	400g
檸檬果汁	10g
細砂糖	134g
海藻糖	22g
水飴	38g
安定劑	20g
水	176g
牛奶	200g
	合計1000g

哈密瓜的使用量比例約為「30～40%」，此食譜當中使用400g。哈密瓜的糖度（糖分）為「13～15%」較高，因此使用細砂糖、海藻糖及水飴合計共194g。

草莓雪酪

〈材料〉

材料	份量
新鮮草莓	400g
檸檬果汁	20g
細砂糖	165g
海藻糖	27g
水飴	48g
安定劑	20g
水	320g
	合計1000g

草莓的使用量比例約為「30～40%」，此食譜當中使用400g。草莓的糖度（糖分）為「8～9%」偏低，因此使用細砂糖、海藻糖及水飴合計共240g來調整糖分。

材料、機器以外的其他重要相關知識

基本知識的最後一部分，要談的是與義式冰淇淋的材料及機器相關的「其他重要知識」，在此向大家解說一些特別需要知道的重點。

多多了解冰淇淋的主要原料「牛奶」的相關知識吧

首先，義式冰淇淋的主要原料是牛奶。要著手製作義式冰淇淋的時候，建議最好增加腦中關於牛奶的知識。

雖然統稱為「牛奶」，但實際上正如左邊表格當中整理的，有非常多種類。

另外，牛奶會因為「殺菌」方法不同而造成其風味也大相逕庭。殺菌的主要方法有以下幾種。

一種是將生乳中的菌類全部殺死，使其成為無菌狀態而能長時間保存的超高溫滅菌殺菌法。另外還有盡可能只做最小限度的加熱，讓菌數降低至標準以下的超高溫殺菌法、高溫短時間殺菌法、以及低溫長時間殺菌法等。都自己喝過、比較後知道口味有何等不同，便能夠做為選擇牛奶時的參考。

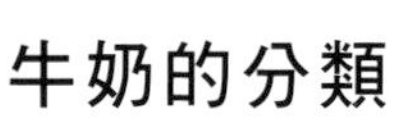

牛奶的分類

種類	說明
生乳	由乳牛身上擠出的無殺菌牛乳
牛奶	將生乳加熱殺菌後的產品（乳脂肪量在3%以上、無脂乳固形物在8%以上）
成分調整牛奶	去除牛奶中一部分的脂肪，又或者除去部分水分，使其較為濃稠
低脂牛奶	乳脂肪含量在0.5%以上、1.5%以下者
無脂肪牛奶	乳脂肪含量不滿0.5%者
加工奶	以乳製品為原料，添加成分的商品
牛奶飲品	以乳製品為主原料，添加乳製品以外原料的商品

「水果」的熟度及新鮮、冷凍、果泥差異

在第9頁的「義式冰淇淋的美味重點」當中曾提到「水果的使用時期」，以下想再多做一些說明。另外水果除了「新鮮」的以外，也可能會使用「冷凍」或者「果泥」，以下包含這方面的詳細說明。

首先，關於「水果的使用時期」，以比較簡單明瞭的例子來說明，就在下方用圖片介紹香蕉在不同熟成度時的口味差異。適度成熟的香蕉風味均衡，相反地，尚未成熟的香蕉或者過熟的香蕉，其風味都劣於前者。義式冰淇淋會因為水果的熟

「香蕉」熟成度與風味差異

尚未成熟的香蕉

尚未成熟的香蕉，甜度及香氣都非常弱，還帶有生澀感跟些許酸味。難以感受到香蕉的美味。

適度成熟的香蕉

適度成熟的香蕉不管在柔軟度、香氣強度上都非常均衡。另外，若熟成到一定程度，酸味就會消失。

過熟的香蕉

過熟的香蕉，其甜味會變的十分強烈。香氣也非常濃厚，但也會有股發酵的臭味，餘韻不佳。香蕉本身的硬度來說也太過柔軟。

成度帶有不同風味，進而左右其成品美味度。使用水果的時候，必須要考量其成熟度所帶出的風味。

另一方面，水果的「新鮮」、「冷凍」、「果泥」方面，也將其各自特性整理在左邊的圖表當中。考量簡便性及保存性之後，就能活用「冷凍」的水果或者「果泥」。

水果主要型態

新鮮

新鮮的水果美味度有著非常大的魅力。但是，由於有許多水果非常容易受傷，因此調整單次進貨量是非常重要的。

由於是冷凍商品，就不太容易有短損。冷凍保存的時候，會有結霜情形、且容易乾燥，要比較注意這幾點。冷凍水果有「完整顆粒」和「切片」的不同。

果泥也有「冷凍」和「常溫」的不同。完全加熱殺菌後的「常溫」果泥，口味上很接近果醬。這類產品也有已經調整過糖分、或者添加糖類的產品，請留意後再行使用。

舉例來說，「冷凍」在保存的時候容易結霜且容易乾燥；「果泥」則有已經調整過糖分或者添加糖類的產品等，利用各自不同的特性來活用在商品上，也是非常重要的。

義式冰淇淋當中的「乳化劑」、「安定劑」角色

先前解說裡也有提到過，義式冰淇淋的材料當中有「乳化劑」與「安定劑」，以下就補充這些材料的相關知識。

首先，乳化劑的功效是將冰淇淋的脂肪分解為細小狀態，並使其均勻呈現，讓水與油脂變得容易混合。使用在冰淇淋上的乳化劑，一般來說有從動物性脂肪製作的「甘油酯」，另外也有從蛋黃或大豆中萃取出的「卵磷脂」。

另一方面，安定劑則是添加濃度，連結各種不同物質，以防止它們分離，具有使成品更加滑順的效果。使用在冰淇淋或者雪酪當中的安定劑，有從種子中萃取出的「刺槐豆膠」，除此之外還有寒天或者明膠等，都非常具代表性。

另外，乳化劑或安定劑當中，也有些產品已經混入葡萄糖。這是由於只使用乳化劑或安定劑的話，使用量只占整體材料的0.2%～0.5%左右，量非常低，因此很容易發生秤量錯誤的問題。如果添加了葡萄糖，用量會因此而增加，也就不容易秤量錯誤了。

提高品質及生產性的「急速冷凍機」

義式冰淇淋會使用巴氏殺菌機及霜淇淋冷凍機來製作，但另外還有一種非常重要的機器。那就是「急速冷凍機」。急速冷凍機的瞬間冷凍機能，對於剛製作完成的義式冰

急速冷凍櫃

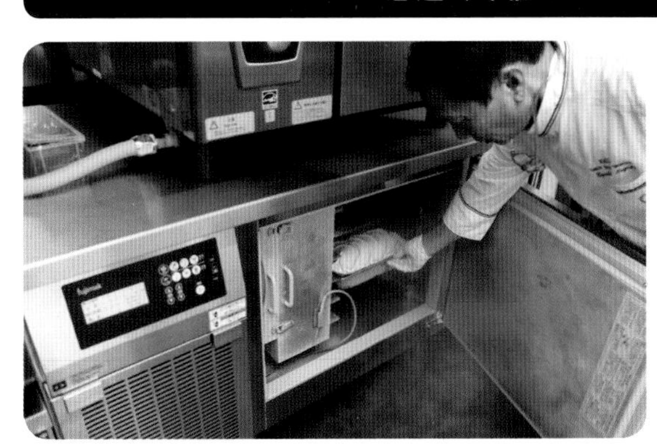

「急速冷凍櫃」對於義式冰淇淋的品質穩定及長時間保存，能夠發揮極大功效。照片上的急速冷凍櫃為 FUJIMAK CORPORATION 的產品。

短時間急速冷凍	將剛製作完成的義式冰淇淋使用急速冷凍櫃快速冷凍 5 ～ 10 分鐘。只要從容器當中取出，義式冰淇淋的表面就會開始融化，這是使用 ST 急冷來讓柔軟的表面瞬間凍結，使冰晶穩定，防止空氣跑出而讓冰淇淋凹陷。
中時間急速冷凍	將剛製作完成的義式冰淇淋使用急速冷凍櫃快速冷凍 10 ～ 20 分鐘。MT 急冷能夠讓冰淇淋的表面硬化 2cm 左右，可以放進冷凍庫保存。硬化的義式冰淇淋能夠緩緩的回到剛製作完的狀態，比較容易長時間維持品質。
長時間急速冷凍	將剛製作完成的義式冰淇淋中心溫度急速冷卻到 -18℃（約一小時）。由於連中心都硬化了，冰晶會更加穩定，如果放在 -20℃以下的冷凍庫中保存，就能夠長時間維持其品質。需要拿出來販賣時，先放在 -10℃的冷凍庫中一個晚上，使其緩慢恢復後再移動到展示櫃中。

淇淋之品質穩定及長時間保存，能夠發揮非常大的功效。

使用方法主要有三種模式。也就是在29頁下方表格當中介紹的「ST（短時間）」、「MT（中時間）」、「LT（長時間）」三種。

「ST急凍」是將剛製作完成的義式冰淇淋使用急速冷凍櫃快速冷凍5～10分鐘。只要從容器當中取出，義式冰淇淋的表面就會開始融化，這時使用ST急冷來讓柔軟的表面瞬間凍結，使冰晶穩定，防止空氣跑出而讓冰淇淋凹陷。尤其是剛製作完成的冰淇淋當中若混有堅果或者巧克力醬等，會更容易融化，不過使用ST急凍進行瞬間結凍的話，就能夠防止此類義式冰淇淋的品質劣化。

「MT（中時間）急凍」是將剛製作完成的義式冰淇淋使用急速冷凍櫃快速冷凍10～20分鐘。MT急冷能夠讓冰淇淋的表面硬化2cm左右，可以放進冷凍庫保存。硬化的義式冰淇淋能夠緩緩的回到剛製作完的狀態，比較容易長時間維持品質。

舉例來說，同一種義式冰淇淋，分為上午、下午、晚上好幾次來製作，是非常沒有效率的。因此使用MT急凍，便能夠長時間保存。能夠一次製作完畢的話，生產量也會提高。

「LT（長時間）急凍」是將剛製作完成的義式冰淇淋中心溫度急速冷卻到零下18℃（約一小時）。由於連中心都硬化了，冰晶會更加穩定，如果放在零下20℃以下的冷凍庫中保存，就能夠長時間維持其品質。需要拿出來販賣時，先放在零下10℃的冷凍庫中一個晚上，使其緩慢恢復後再移動到展示櫃中。

如上所述，三種模式會因其使用方法而具有不同的效果，還請務必活用急速冷凍櫃。

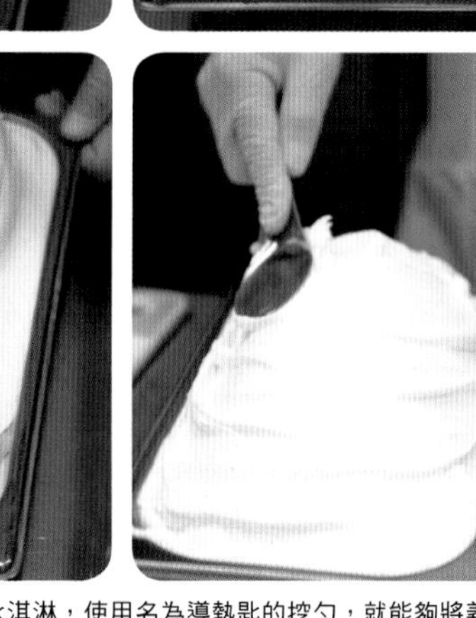
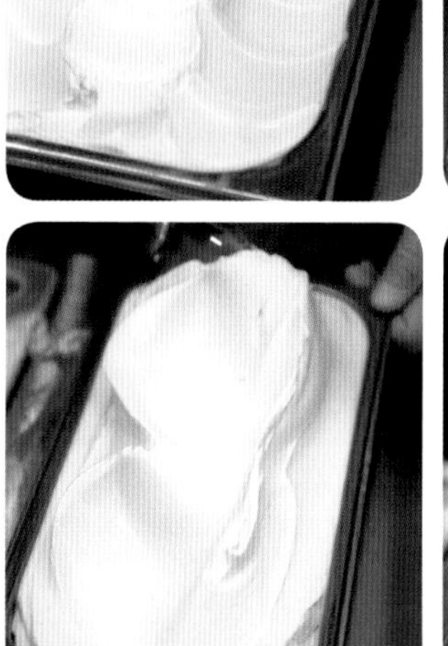

陳列在展示櫃當中的義式冰淇淋，使用名為導熱匙的挖勺，就能夠將義式冰淇淋表面的形狀調整為更加可口美麗的樣子。使用導熱匙，便能下功夫做出各式各樣的形狀。

使用「導熱匙」讓義式冰淇淋更加美麗

義式冰淇淋專門店中，會使用名為「導熱匙」的挖勺，將製作完成的義式冰淇淋調整為看起來更加美味可口、更加美麗的形狀。導熱匙也是義式冰淇淋專門店非常重要的工具之一。

義式冰淇淋陳列在展示櫃當中的時候，表面形狀會像上面照片中介紹的那樣，有各式各樣的模式。只要使用導熱匙，就可以做出各種不同形狀。31～32頁介紹了盛裝範例，包含「杯裝」及「甜筒」的提供方式，為了要讓購買的客人感到高興，讓義式冰淇淋看起來可口美麗也是非常重要的。

在確實的衛生管理環境下製作義式冰淇淋！

以上解說了關於材料、機器及工具的相關知識，但還請大家不要忘記，更重要的就是「衛生管理」的問題。

對於正確的洗手方式等基礎，絕對不可輕忽，巴氏殺菌機、霜淇淋冷凍機等機器，也必須要確實的進行清潔殺菌等工作。確實做好衛生管理，才能夠做出美味可口的義式冰淇淋。

杯裝義式冰淇淋盛裝範例

以盛裝方式讓冰淇淋展現多采多姿樣貌

杯子的盛裝方式，如同下面照片中示範的，種類千變萬化。
使用不同的盛裝方式，能夠讓顧客欣賞義式冰淇淋多采多姿的樣貌。

甜筒義式冰淇淋盛裝範例

展現美麗與樂趣

提供甜筒能更加凸顯義式冰淇淋的五彩繽紛。
使用只有甜筒才能做出的盛裝方式，能讓盛裝工作也變的有趣又有魅力。

業務用基底材料有令人矚目的產品上市

在基本知識的最後，我想介紹關於「業務用基底材料」。

基底材料，當然可以參考本書當中介紹的食譜，打造出自己理想中口味的白色基底或黃色基底，不過有些時候，也可能會有「冰淇淋要從基底材料做起實在非常困難」的情況。

尤其是餐廳或者咖啡廳，由於菜單上其他項目的準備工作也非常耗費人力，因此可能會有店家認為「要是能夠再稍微簡化一下製作步驟的話……」。

為了這類店家的需求，因此的確有「業務用基底材料」這類產品。如果能夠活用業務用基底材料，那麼就不需要量秤以及加熱殺菌等步驟了。只需要用業務用基底材料、水果之類的口味用素材，放進霜淇淋冷凍機當中就能夠做出冰淇淋了。

若是實際上要活用這類產品的話，可以使用各種口味的材料來試作，確認產品本身的品質及是否容易使用等，來選擇適合自己店家使用的業務用基底材料。業務用基底材料也會有嶄新且令人矚目的產品，因此建議可以多多收集各家產品的資訊。

能夠輕鬆使用、品質也非常高的受矚目商品

舉例來說，日法商事（株）所販售的「GLACES ARTISANALES FRANÇAISES TRICOLORE」（以下簡稱 TRICOLORE），除了使用上輕鬆容易又簡單以外，也是非常注重品質的業務用基底材料。在法文當中，把冰淇淋類的產品都稱為「GLACES」，而這正是能夠讓人輕鬆製作出「正統 GLACES」的產品。

我先前有實際試吃的機會，這由 MOF（國家最高職人獎）的冰淇淋職人打造出的基底材料，將單純的甜味打造的非常具質感。口味上並非會讓人直接聯想到法國的那種「濃厚香甜」，而是偏向「俐落清爽的甜味」，是日本人較為偏好的口味。

基底材料的種類也有區分為加了蛋黃的、以及沒有加蛋黃的，只要搭配自己選擇的口味、下點功夫就能做出原創性的冰淇淋。還有餐廳經常會直接提供的香草冰淇淋用產品、又或是雪酪用的基底，品質也都十分優良，是非常適合給打算做出正統冰淇淋的店家用的產品。

1 香草冰淇淋用的「Glace Vanille」
2 沒有加蛋的基底材料「Base Neutre Glaces aux fruits」+草莓
3 加了蛋黃的基底材料「Base Neutre Glaces」+巧克力
4 雪酪用基底材料「Base Neutre Glaces Sorbets」+血橙

試吃使用日法商事（株）所販售的「TRICOLORE」產品製作的 glace（冰淇淋）和 sherbet（雪酪）。使用「Glace Vanille」製作的香草冰淇淋，是能夠凸顯出香草香氣的正統口味，基底材料本身的特徵，是具有能夠帶出水果或巧克力氣味的高雅甜味及濃稠度。雪酪用的基底材料，甜度也十分適中，能夠凸顯出水果原先的味道。另外，該公司還有大約 50 種左右的水果冷凍果泥，也備有製作冰淇淋或雪酪的時候可以用來參考的，「TRICOLORE」和不同口味材料的比例表。

■關於成本價：此處標示的是完成的義式冰淇淋每１００g大約的成本價格。由於成本金額會隨著使用之材料的等級、以及進貨方式等有所變更，因此這只是提供一個大概金額給大家參考。另外，製作完成的義式冰淇淋會有膨脹率（因為當中含有空氣），所以１００g的份量大約是要裝入１２０ml的容器當中。

■關於水果之清洗、殺菌：水果必須清洗、殺菌後再行使用。首先，將稀釋的中性清潔劑倒入大碗中，將水果放進去、使用海棉等來輕輕刷洗水果表面後，以流動水清洗乾淨。之後將清洗乾淨的水果，泡在次氯酸鈉２００ppm溶液（若為濃度６%的產品，就以水稀釋３００倍）當中五分鐘以殺菌，之後以流動水清洗乾淨。果皮及種子的處理則依該水果需求。另外，如果該水果需要去皮或種子等，則計算重量時為去除果皮或種子後的重量。

CHAPTER 2

千變萬化的冰淇淋

水果（莓果類） 種類①

草莓牛奶

STRAWBERRY MILK

白色基底　成本價100g・日幣80元

「草莓牛奶」是非常受歡迎的冰淇淋。喜歡將草莓打碎、拌上砂糖與牛奶來吃的人非常多，這是受到許多日本人喜愛的口味。冰淇淋的顏色會根據草莓種類不同而有所改變，因此材料的選擇非常重要。

<製作方式>

①使用攪拌機將草莓與水飴攪拌均勻。

②將白色基底材料與步驟①的材料拌在一起，放進霜淇淋冷凍機當中。

※ 裝飾用的草莓不在食譜份量內。

<材料>

白色基底材料…490g	
草莓（新鮮或冷凍果粒）…350g	
水飴（ハローデックス）…160g	
	合計1000g

Memo

舉例來說，草莓當中的「あまおう」（甘王，福岡的品種），酸味及甜味都非常強烈、口味也很濃、香氣也十分足夠。從裡到外紅通通，在外觀上也能看起來非常美麗。

由於草莓和其他水果不一樣，很難使用海綿來擦拭清洗，因此在將蒂頭去除之後，就使用流水充分清洗、去除髒汙，之後再浸泡於次氯酸鈉 200ppm 溶液當中殺菌。要用流動水徹底清洗過後再行使用。

一開始介紹的是以草莓為始的「莓果類」冰淇淋。這是能夠讓基底材料中牛奶濃純的口味與莓果清爽風味達到均衡、相互調和的冰淇淋。

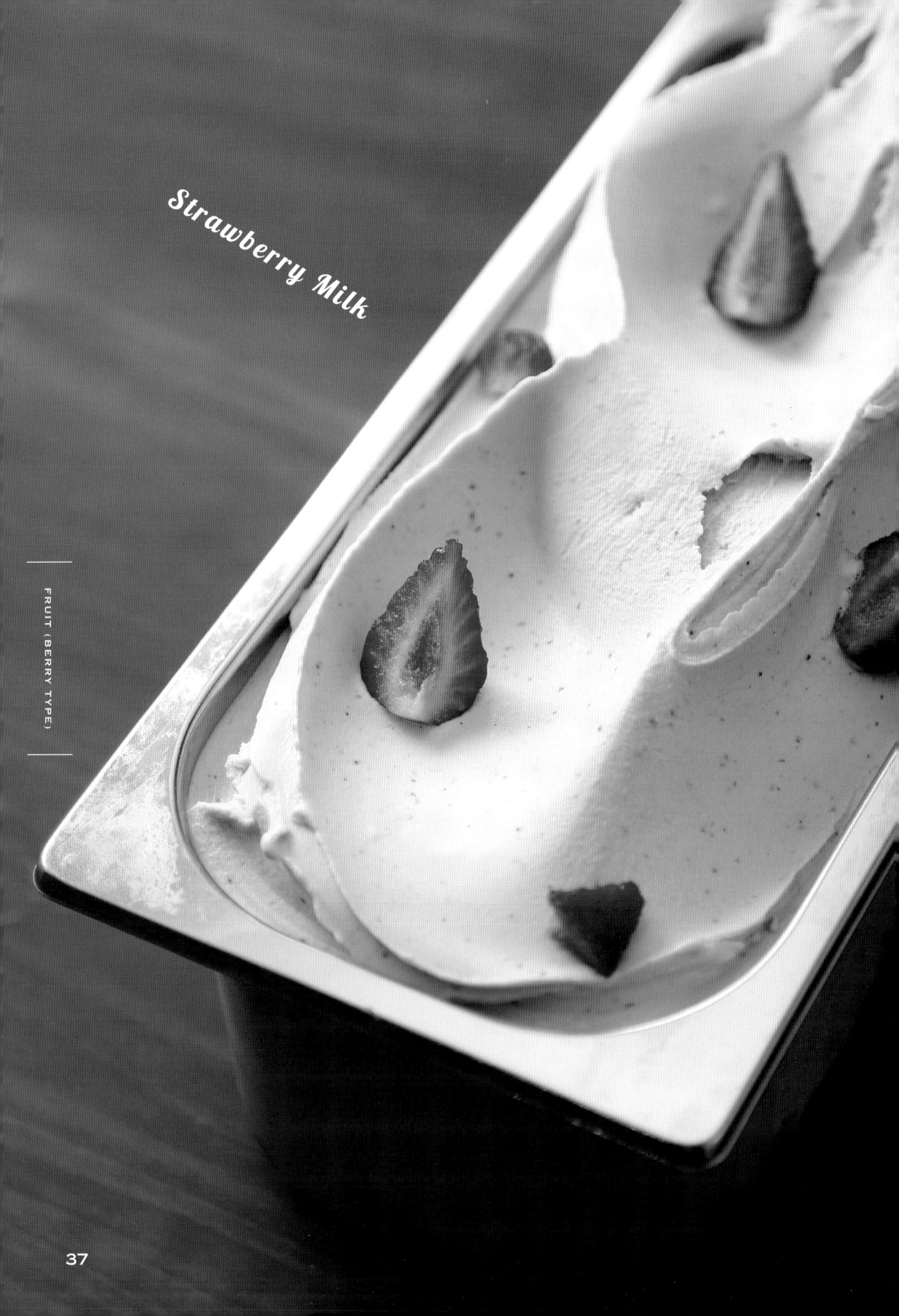

Strawberry Milk

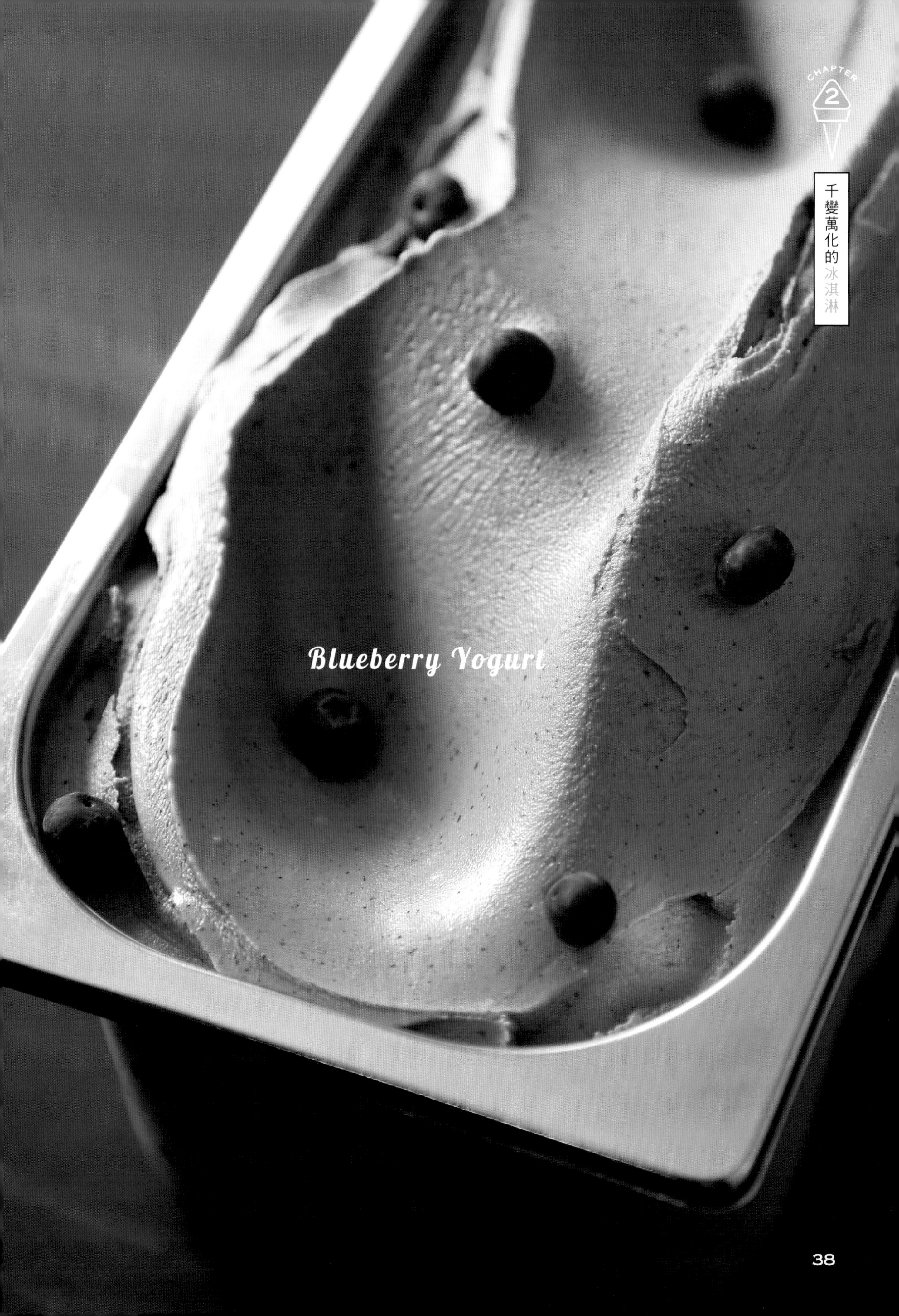
Blueberry Yogurt

藍莓優格

BLUEBERRY YOGURT

白色基底　成本價100g・日幣50元

使用與水果非常搭配的優格來製作。藍莓和優格特別搭調，並且含有許多對身體良好的成分，也是這款商品的魅力。優格含有乳酸菌及鈣質、而藍莓則含有據說對眼睛非常好的花青素。

「藍莓優格」漂亮的紫色也深具魅力。盛裝在杯中時的外觀也令人印象深刻。

<材料>

白色基底材料…140g
原味優格…450g
冷凍藍莓果粒…200g
檸檬果汁…10g
細砂糖…50g
水飴（ハローデックス）…150g
合計1000g

<製作方式>

①將冷凍藍莓果粒、檸檬果汁、細砂糖、水飴一起放進鍋中烹煮。煮的時間大約是沸騰之後轉小火三分鐘左右。
②等到步驟①的材料稍微放涼了之後，就使用攪拌機將這些材料與白色基底、原味優格混合在一起（a），之後放入霜淇淋冷凍機當中。
※ 裝飾用的藍莓不在食譜份量內。

Memo

藍莓煮一下可以達到殺菌功效、同時能讓紫色更加鮮明。先一次煮好一定的量之後分裝為小包，以真空包裝冷凍保存，就能更有效率。

黑櫻桃

AMARENA

白色基底　成本價100g・日幣60元

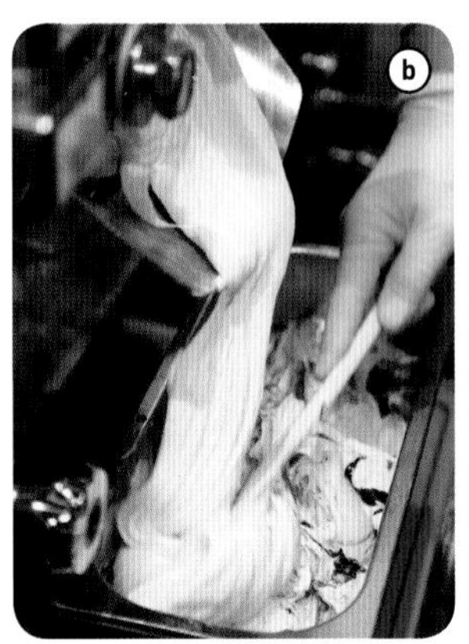

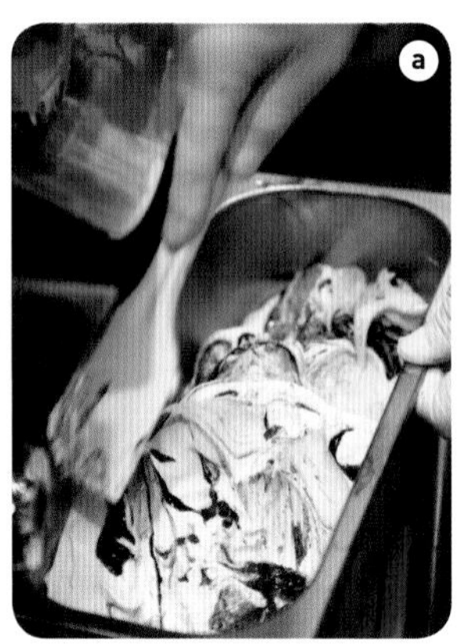

黑櫻桃是指用櫻桃糖漿浸泡過的新鮮櫻桃。黑櫻桃口味的冰淇淋，在義大利不管是孩童或者大人都非常喜愛。如果能夠活用現有產品，就只需要和基底材料的牛奶冰淇淋混合在一起便能製作出來。

Memo

就像「黑櫻桃」這款食譜，商品可以使用現有產品作為口味設計，能夠更加拓展義式冰淇淋的種類。

＜材料＞

白色基底材料…940g

黑櫻桃（糖漿浸漬過的新鮮櫻桃）…60g

合計1000g

＜製作方式＞

①取出 4、5 顆糖漿當中的櫻桃。

②將白色基底材料放入霜淇淋冷凍機當中。

③將製作完成的冰淇淋 1/3 移至容器內，放上 1/3 櫻桃糖漿大致混合一下。重複以上步驟（a、b），將步驟①中取出的櫻桃果粒放在拌好的冰淇淋上作為裝飾。

藍莓大理石

BLUEBERRY MARBLE

白色基底　成本價100g．日幣60元

<製作方式>

①將白色基底材料放入霜淇淋冷凍機當中。

②將製作完成的冰淇淋 1/5 移至容器內，並且抹平。在上面放上 1/5 藍莓醬之後抹平。重複以上步驟，完成的樣子如下圖。

<材料>

白色基底材料…950g

藍莓醬…50g

合計1000g

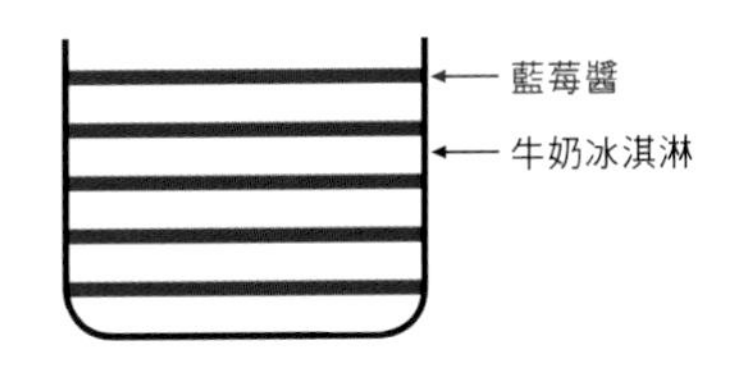

覆盆子大理石

RASPBERRY MARBLE

白色基底　成本價100g．日幣60元

<製作方式>

①將白色基底材料放入霜淇淋冷凍機當中。

②將製作完成的冰淇淋 1/5 移至容器內，並且抹平。在上面放上覆盆子醬之後抹平。重複以上步驟，完成（完成的樣子與上面的「藍莓大理石」相同）。

<材料>

白色基底材料…950g

覆盆子醬…50g

合計1000g

覆盆子牛奶

RASPBERRY MILK

白色基底　成本價100g．日幣60元

<製作方式>

①將所有材料使用攪拌機拌勻以後，放入霜淇淋冷凍機當中。

<材料>

白色基底材料…670g

冷凍覆盆子果泥（10% 加糖）…250g

水飴（ハローデックス）…80g

合計1000g

Memo

「大理石」口味的冰淇淋，是藉由做出不同顏色分層，讓商品在外觀上也變得十分有趣的一款商品。「覆盆子牛奶」則會呈現漂亮的紫紅色。

藍莓牛奶

BLUEBERRY MILK

白色基底　成本價100g · 日幣70元

<材料>

白色基底材料…740g
冷凍藍莓果粒…200g
細砂糖…30g
水飴（ハローデックス）…30g
合計1000g

<製作方式>

①將冷凍藍莓果粒及細砂糖、水飴放進鍋中烹煮。
②步驟①的材料稍微放涼之後，放進攪拌機中拌勻，之後與白色基底材料一起放入霜淇淋冷凍機當中。

千層派

MILLE FEUILLE

白色基底　成本價100g · 日幣70元

<材料>

白色基底材料…890g
草莓醬…50g
新鮮草莓…60g
派皮（或蘇打餅乾）…適量
合計1000g（不含派皮）

<製作方式>

①使用 36 頁介紹的方式將草莓清洗乾淨並殺菌，切片之後與草莓醬拌在一起。
②將白色基底材料放入霜淇淋冷凍機當中。將製作完成的冰淇淋 1/5 移至容器內，並且抹平。在上面放上 1/5 的步驟①材料以及派皮，之後抹平。重複以上步驟，完成的樣子如下圖。

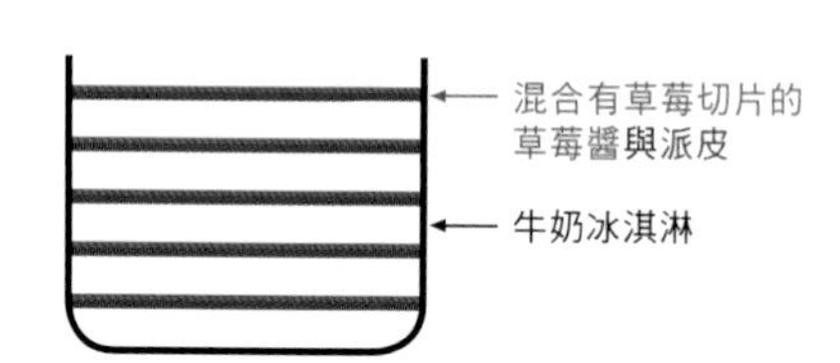

Memo

「千層派」是利用派皮來打造口感上的變化。以義式冰淇淋專賣店一般容器大小來說若要做五層，大約是食譜的三倍量。

牛奶冰淇淋＋莓果類奢華裝飾

莓果的種類十分繁多。使用基底材料製作成的牛奶冰淇淋，
如果能和各式各樣莓果盛裝在一起之後提供給客人，就會是魅力十足的單品。

種類②

水果（各種水果）

除了莓果類以外，也有使用各種水果的冰淇淋。各種不同的水果所擁有的味道，能夠營造出義式冰淇淋變化多端的美味。

金桔冰淇淋

KUMQUAT

白色基底　成本價100g・日幣40元

日本的金桔多產於宮崎或鹿兒島，是能夠連果皮一起食用的美味柑橘。據說果皮含有對身體非常好的橘皮苷。使用這種帶和風感的水果能夠打造出魅力十足的義式冰淇淋，與冰淇淋仔細攪拌在一起的金桔能提升整體美味。

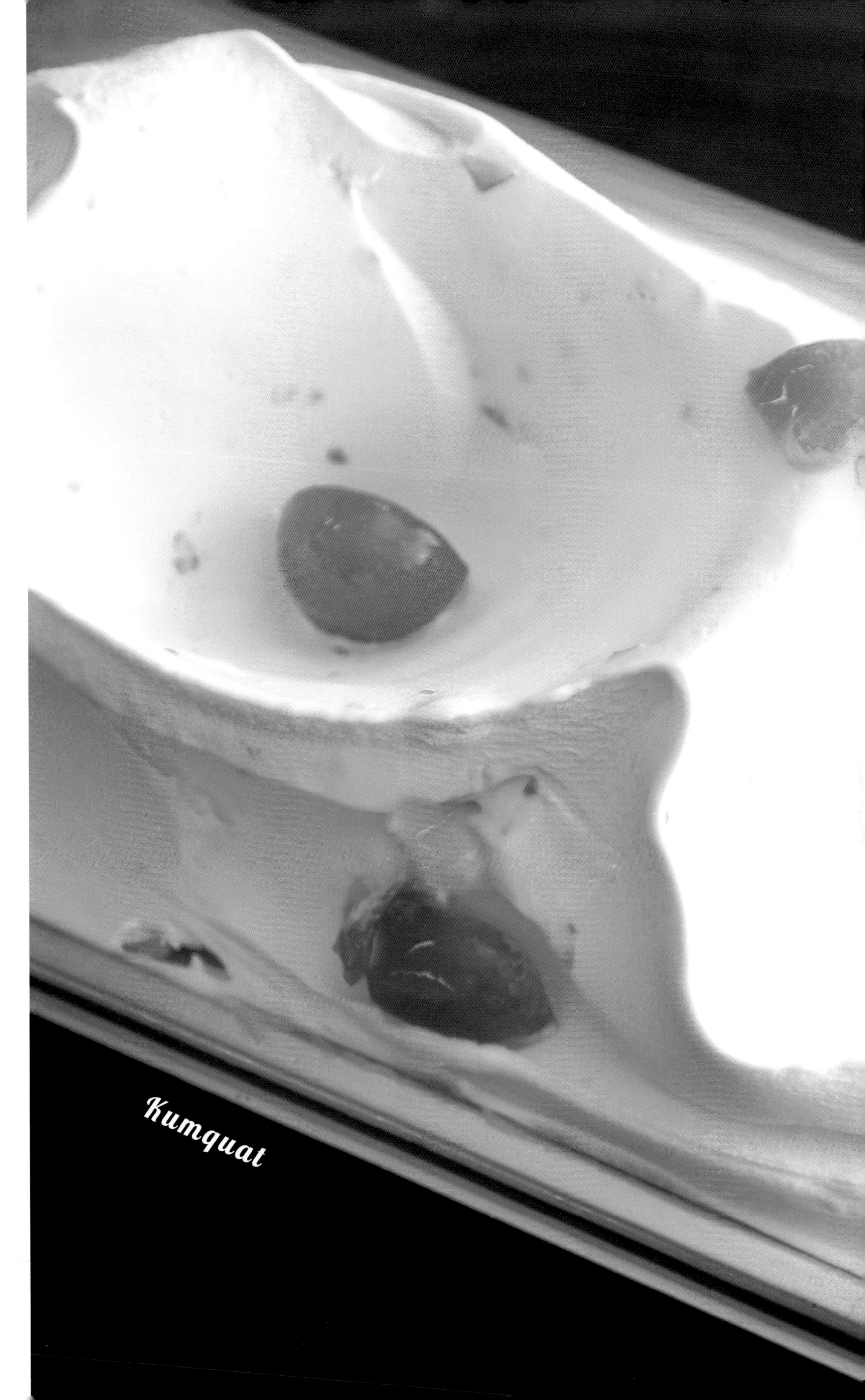

Kumquat

Memo

糖煮金桔要以攪拌機將金桔果皮打成一樣細碎之後再行使用。製作糖煮金桔時，烹煮當中要注意不可使其燒焦。

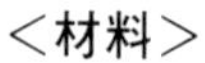

<材料>

白色基底材料…400g
糖煮金桔★…200g
牛奶…400g
合計1000g

<製作方式>

①將糖煮金桔以攪拌機打碎（a）。再將牛奶倒進攪拌機中一起攪拌均勻（b）。

②將白色基底材料與步驟①的材料一起放進霜淇淋冷凍機當中（c）。

※ 裝飾用的糖煮金桔不在食譜份量內。

★糖煮金桔食譜

<材料>

金桔…500g
水…200g
細砂糖…500g
檸檬果汁…100g
合計1300g（完成品約為1000g）

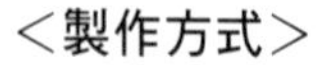

<製作方式>

①將金桔橫切開來，去除種子（a）。

②將步驟①的材料與水倒入鍋中，烹煮直到金桔變得柔軟（b）。在烹煮的時候要仔細撈掉廢渣。

③等到步驟②的金桔變軟之後，放入細砂糖（c），同時加入檸檬果汁，繼續仔細撈去廢渣，烹煮到金桔出現光澤為止（d）。仔細烹煮完之後，重量會剩下大約 1000g 左右。

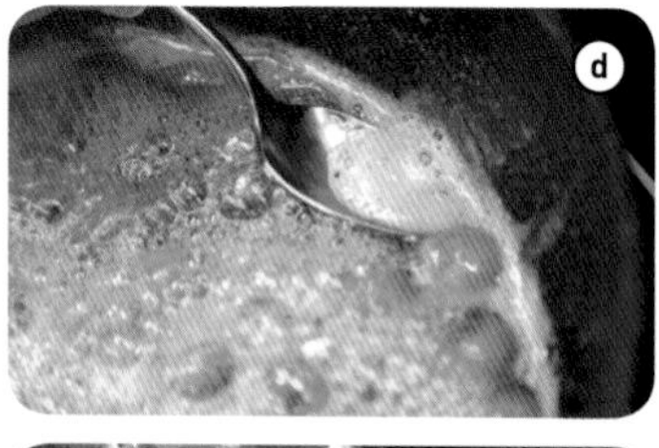

芒果牛奶

MANGO MILK

白色基底　成本價100g · 日幣70元

芒果的冰淇淋在日本也非常受歡迎。芒果那濃密的香甜及爽口的酸味，與冰淇淋十分相襯。芒果還具備鮮豔的黃色，在外觀上也非常美麗，特別受到女性喜愛，是非常受歡迎的義式冰淇淋。

Memo

冷凍芒果果泥在解凍後請馬上使用。裝飾用的芒果，可以活用冷凍切塊芒果。

<材料>

白色基底材料…800g
冷凍芒果果泥（10%加糖）…200g
合計1000g

<製作方式>

①將冷凍芒果果泥解凍。
②將步驟①的材料與白色基底材料放入霜淇淋冷凍機當中。
※ 裝飾用的芒果（冷凍切塊芒果）不在食譜份量內

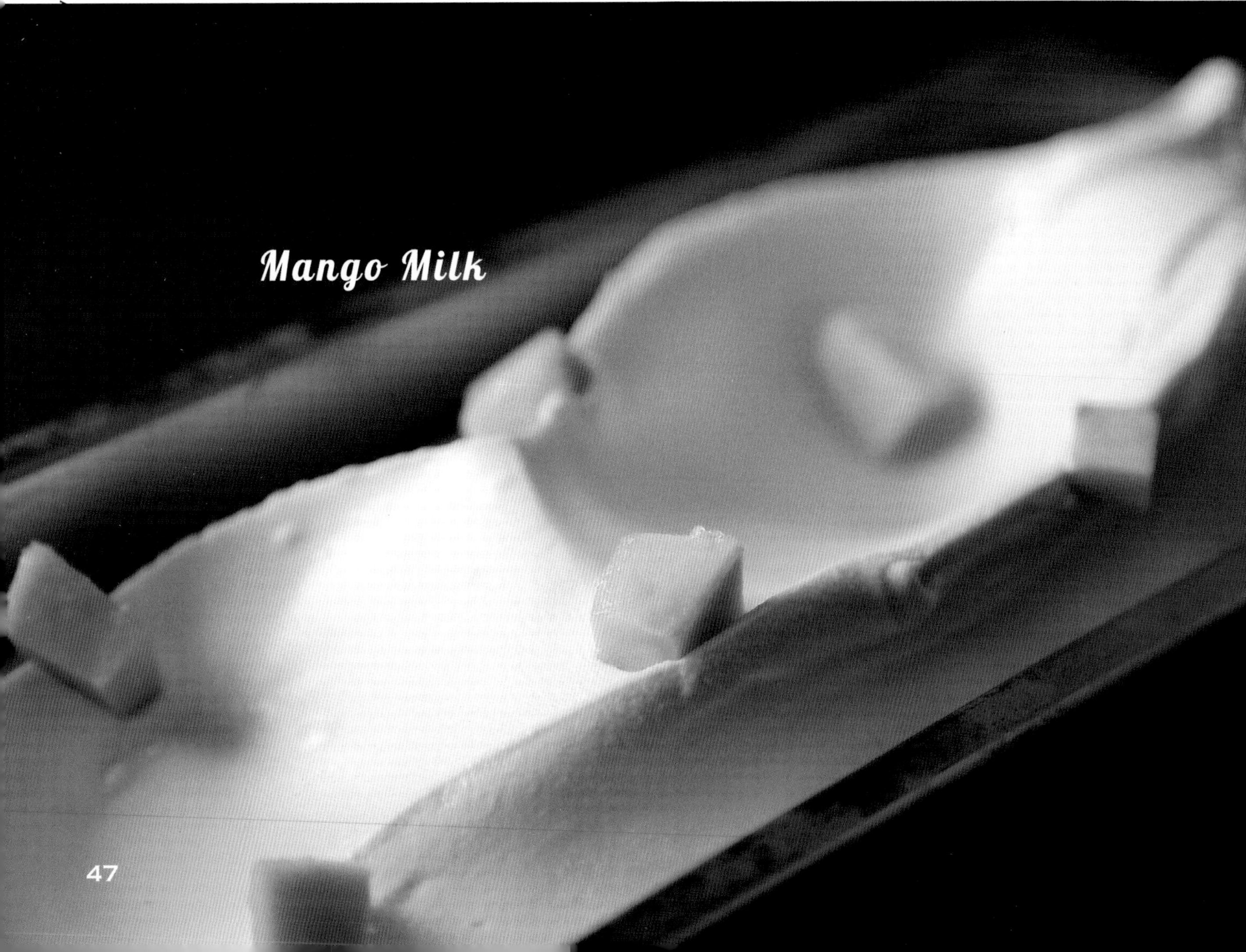

蘭姆葡萄

RUM RAISIN

白色基底　成本價100g・日幣50元

這是能夠品嚐到葡萄乾澎鬆又濕潤的口感、蘭姆風味沁人心脾的冰淇淋。非常受成熟男女歡迎。蘭姆葡萄醬是將葡萄乾烹煮到柔軟之後，添加蘭姆酒，使其成為膨鬆柔和的口感。

＜材料＞

黃色基底材料…700g
蘭姆葡萄醬★…100g
牛奶…200g
合計1000g

＜製作方式＞

①將蘭姆葡萄醬與牛奶混合之後過濾。
②將步驟①過濾完的液體、濾完之後留下來的葡萄乾1/2量、以及黃色基底材料一起放入霜淇淋冷凍機當中。
③將製作完成的冰淇淋取出，放進容器中，將剩下的1/2量葡萄乾放進去攪拌（a）。表面再灑上葡萄乾作為裝飾。

Memo

由於這會含有少量的酒精，因此販賣的時候必須要告知顧客含有酒精一事。蘭姆葡萄醬可以先製作起來，冷藏保存2～3天之後，口味會較為溫和。

a

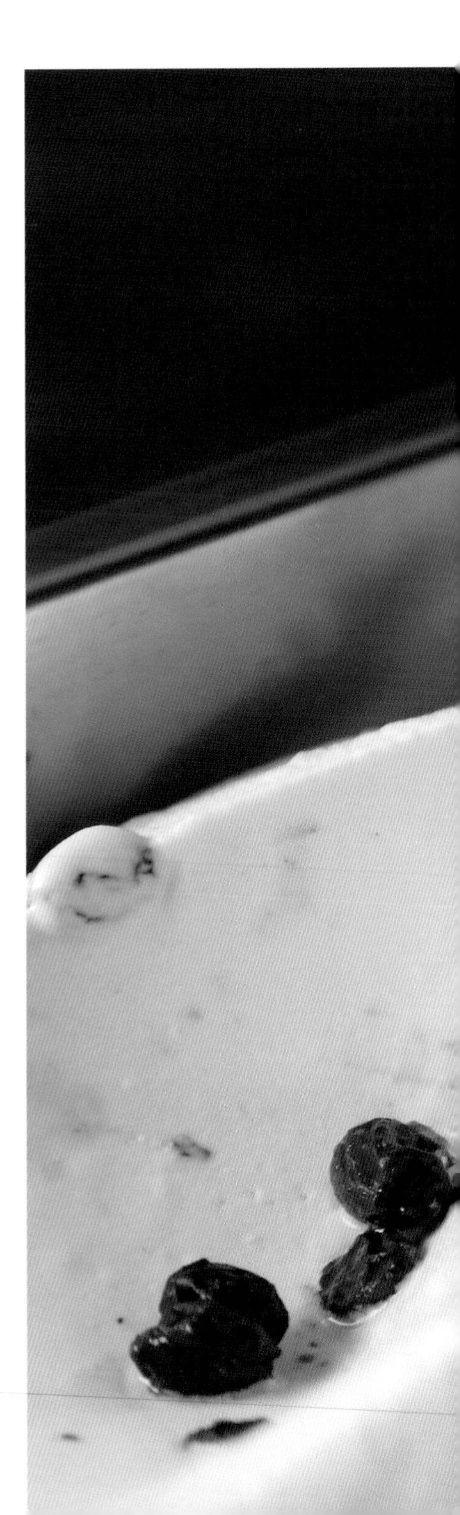

★蘭姆葡萄醬食譜

＜材料＞

葡萄乾…1000g
水…1000g
細砂糖…100g
蘭姆酒…350g
合計2450g（完成品約為1950g）

＜製作方式＞

①將葡萄乾大致上以水清洗一下。和水一起放入鍋中，煮到葡萄乾變軟為止。
②煮到變軟之後將細砂糖加進去。
③關火之後添加蘭姆酒。
④稍微放涼之後裝入容器當中冷藏保存。製作之後放置2～3天，口味會較為溫和。

橘子果醬

ORANGE MARMALADE

白色基底　成本價100g・日幣50元

＜製作方式＞

①先留下大約 20g 的橘子果醬，最後用來做裝飾。
②將橘子果醬與牛奶放入攪拌機，攪拌成預定製作之細緻度（留下果粒）。
③將白色基底材料與步驟②的材料放入霜淇淋冷凍機當中。
④將製作完成的冰淇淋取出，放進容器中，把步驟①的橘子果醬裝飾上去。

＜材料＞

白色基底材料…550g
橘子果醬★…150g
牛奶…300g
合計1000g

★橘子果醬的食譜

＜材料＞

橘子果汁…700g
橘子果皮…500g
細砂糖…700g
橘子利口酒…200g
合計2100g（完成品約1700g）

＜製作方式＞

①將橘子切為 1/2 之後榨果汁。
②將橘子皮用水（不在食譜份量內）煮到柔軟，浸泡在水中。去除內皮以後切片，繼續泡在水中以去除苦味。
③將橘子果汁、與橘子果汁等量的細砂糖、步驟②的橘子果皮以鍋子烹煮。最後再加上橘子利口酒。在冰箱冷藏保存。

蘋果牛奶

APPLE MILK

白色基底　成本價100g・日幣80元

＜製作方式＞

①將白色基底材料、以及已經解凍完畢的蘋果果泥放進霜淇淋冷凍機當中。
②在冰淇淋即將完成之前，放入糖煮蘋果。放入糖煮蘋果之後，不要經過太久時間，儘快將冰淇淋取出，放進容器當中。

＜材料＞

白色基底材料…600g
冷凍蘋果果泥（10% 加糖）…300g
糖煮蘋果★…100g
合計1000g

★糖煮蘋果的食譜

＜材料＞

蘋果…750g
砂糖…150g
檸檬果汁…100g
合計1000g（完成品約為700g）

＜製作方式＞

①將蘋果切為 1/4 大小。削皮之後去除果核，切為約 10mm 厚度的蘋果片。
②將步驟①的蘋果與其他材料都放入鍋中烹煮。蘋果要維持原本的形狀。放在冰箱冷藏保存。

椰子牛奶
COCONUT MILK

白色基底　成本價100g · 日幣30元

＜製作方式＞

①使用鍋子來加熱牛奶，之後添加細砂糖與椰子片烹煮。

②將白色基底材料與稍微放涼的步驟①材料攪拌均勻，放入霜淇淋冷凍機當中。

＜材料＞

白色基底材料…850g
椰子片…20g
牛奶…100g
細砂糖…20g

合計1000g

Memo

「椰子牛奶」會稍微挑客人，大致上來說比較受到年輕族群的歡迎。「糖漬栗子」則是為栗子添加香草風味，是帶有高級感的義式冰淇淋。

卡薩塔*
CASSATA

黃色基底　成本價100g · 日幣50元

＜材料＞

黃色基底材料…830g	現有的綜合水果…120g
橘子利口酒…10g	牛奶…40g

合計1000g

＜製作方式＞

①將現有的綜合水果（已經調味過的葡萄乾、橘子皮、櫻桃、芒果、杏桃等）切為 5 ～ 10mm 大小。

②將黃色基底材料、橘子利口酒、牛奶放進攪拌機混合均勻之後，放進霜淇淋冷凍機當中。

③將製作完成的冰淇淋 1/2 移至容器內，與步驟①的綜合水果 1/2 量拌勻。

④取出剩下的冰淇淋，一樣與剩下的綜合水果拌勻。

＊卡薩塔：最早指從西西里島起源的蜜餞利口酒蛋糕，現今活用於義式冰淇淋中。

糖漬栗子
MARRON GRACE

黃色基底　成本價100g · 日幣50元

＜製作方式＞

①將所有材料攪拌均勻之後，放入霜淇淋冷凍機當中。

＜材料＞

黃色基底材料…760g
糖漬栗子醬…80g
牛奶…160g

合計1000g

香蕉牛奶
BANANA MILK

黃色基底　成本價100g · 日幣30元

＜製作方式＞

①將黃色基底材料放進霜淇淋冷凍機當中。

②在即將完成之前，把縱切成片狀的香蕉放進去。

＜材料＞

黃色基底材料…750g
新鮮香蕉…250g

合計1000g

Memo

「香蕉牛奶」非常受到男女老少的歡迎，淋上巧克力醬也十分美味。但是經過一段時間之後會有些發黑，因此製作的時候只要做當天能夠賣完的份量就好。

種類③

巧克力是義式冰淇淋當中最受歡迎的口味，巧克力的香氣及甘甜對許多人來說都充滿魅力。這裡一併介紹能夠享受人氣甜點提拉米蘇，及烤布蕾口味等的冰品。

巧克力

CHOCOLATE

黃色基底　成本價100g・日幣70元

這是能夠直接品嚐巧克力可可亞風味的一款冰品。如果巧克力的用量稍微收斂一點，也可以做成可可牛奶風味的冰淇淋。巧克力的風味做得苦一點或者溫和些，都能使口味有所變化。

<材料>

黃色基底材料…640g
巧克力醬★…120g
牛奶…240g
合計1000g

<製作方式>

①使用攪拌機將巧克力醬與牛奶攪拌均勻（a）。
②將黃色基底材料與步驟①的材料放進霜淇淋冷凍機當中。
※ 裝飾用的巧克力不在食品份量內。

Memo

巧克力醬的製作，除了使用可可粉以外，也可以將微苦巧克力（可可亞含量55%）的巧克力磚隔水加熱融化之後，添加等量的牛奶來製作。

★巧克力醬的食譜

<材料>

水…850g
細砂糖…650g
可可粉…500g
合計2000g（完成品約1750g）

<製作方式>

①將細砂糖與可可粉仔細攪拌均勻。
②將水放進鍋中煮沸後轉小火，使用打蛋器一邊攪拌，一邊慢慢將步驟①的材料加進去。注意不要燒焦了。
③等到所有材料都攪拌均勻之後，使用木質刮刀一邊攪拌，同時注意不要燒焦，一直熬煮到出現光澤為止。冷卻之後放在冰箱冷藏保存。

Chocolate

KISS

KISS

黃色基底　成本價100g・日幣60元

巧克力與堅果是種美味宛如「KISS（義大利文是「BACIO *」）的義式冰淇淋。這次使用的「Nutella」是在義大利也非常流行的榛果口味巧克力醬。「COPELTULA」則是用來製作巧克力碎片的醬料。

* BACIO：一種義大利巧克力和榛果混合的口味。

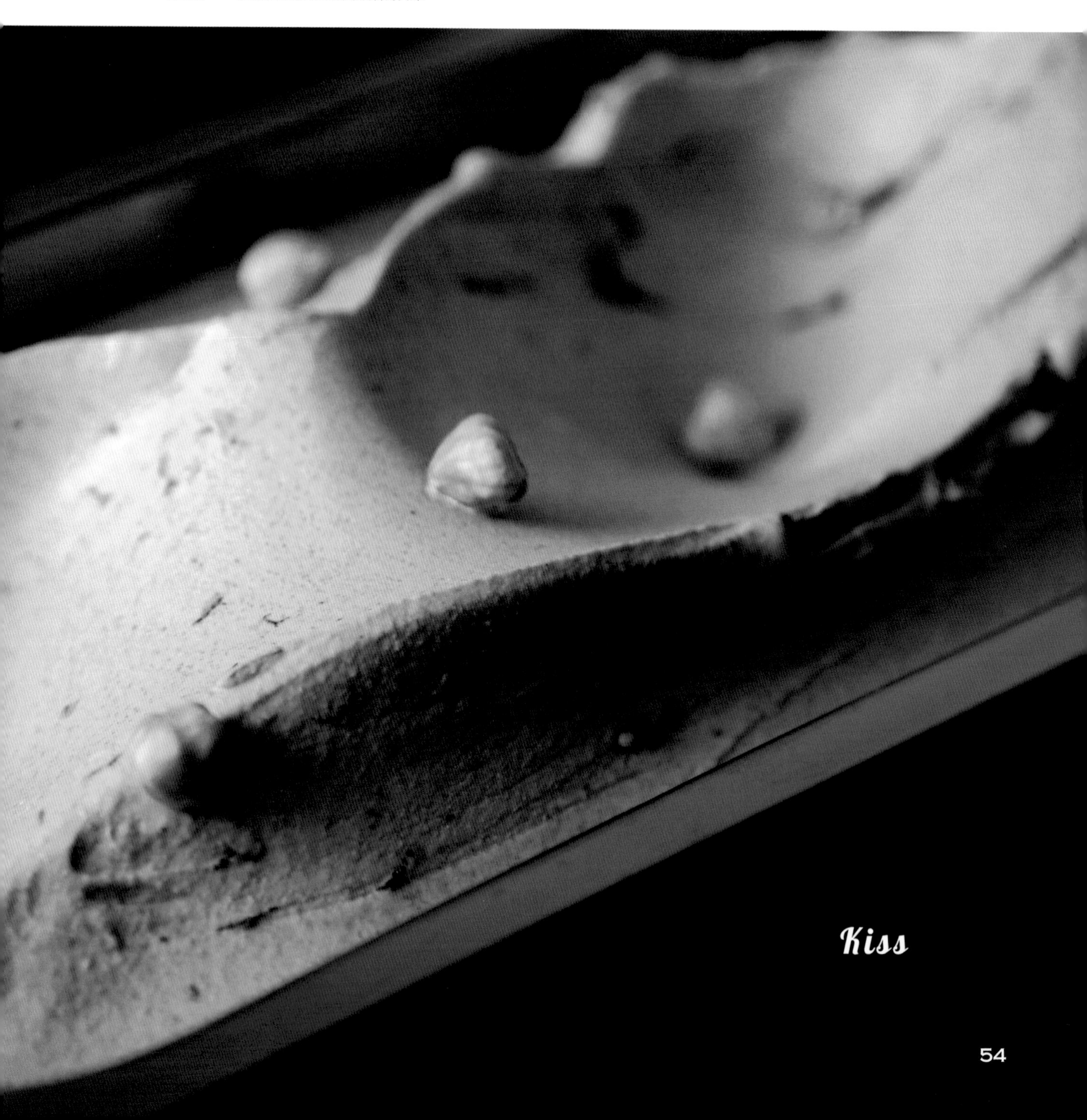

<材料>

黃色基底材料…840g
Nutella…100g
COPELTULA…40g
榛果果粒…20g
合計1000g

<製作方式>

①將黃色基底材料 200g 進行隔水加熱，添加 Nutella 進去攪拌均勻。
②將步驟①材料冷卻後，與剩下的黃色基底材料一起放進霜淇淋冷凍機當中。
③將製作完成的冰淇淋 1/2 移至容器內。淋上已隔水加熱融化的 COPELTULA 約 1/2 量。同時加進 1/2 量的榛果果粒。
④等到 COPELTULA 凝固之後，將整體攪拌均勻。
⑤將剩下的冰淇淋取出，移至容器內，重複相同的步驟。
※ 裝飾用的榛果果粒不在食譜份量內。

Memo

Nutella 在放進霜淇淋冷凍機之前，先隔水加熱並與黃色基底材料混在一起的話，整體的口味會比較調和。

「KISS」冰淇淋的外觀顏色非常溫和，能讓人感受到有些「大人的成熟感」。

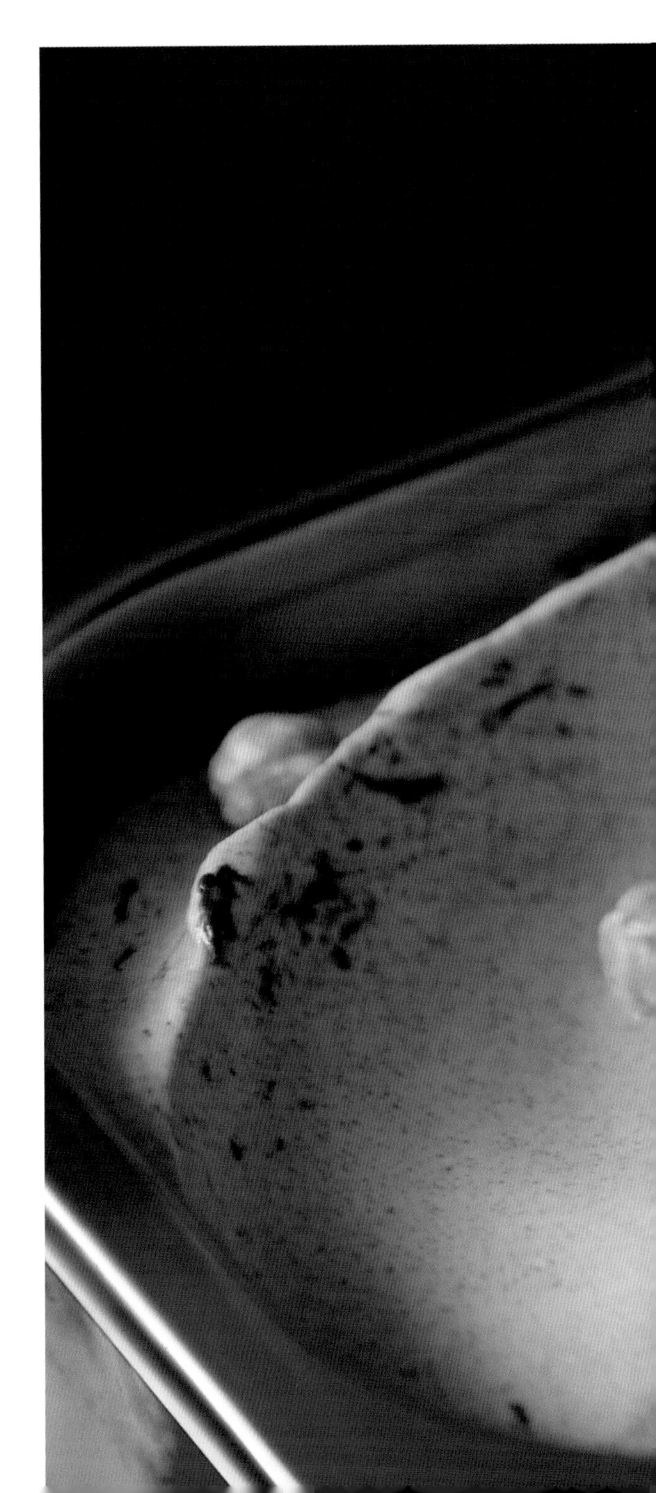

Tiramisu

提拉米蘇

TIRAMISU

黃色基底　成本價100g · 日幣70元

將義大利最具代表性的糕點做成此款冰品。將海綿蛋糕浸泡在添加了大量砂糖的濃縮咖啡的義式咖啡糖漿當中，然後夾在冰淇淋之間，最後用可可粉裝飾，讓外觀看起來就像是蛋糕一樣。

<製作方式>

①使用攪拌機將沙巴翁醬與牛奶混勻。
②將步驟①的材料與黃色基底材料放進霜淇淋冷凍機當中。
③將義式咖啡糖漿塗抹在已切成適當大小的海綿蛋糕上，使糖漿徹底滲入蛋糕體（a）。
④將製作完成的冰淇淋 1/3 多一些的量移至容器內。將步驟③的海綿蛋糕鋪滿在冰淇淋上（b）重複此步驟，將冰淇淋做成如下面示意圖的樣子。
⑤最後鋪上一層薄薄的冰淇淋，然後灑上可可粉做最後裝飾（c）。

<材料> ※ 使用 4L 的容器

黃色基底材料…2160g
沙巴翁醬★…270g
牛奶…270g
海綿蛋糕（12cm×16cm×0.5cm）…適量
義式咖啡糖漿…適量
可可粉…少許

合計2700g（不包含海綿蛋糕等）

←可可粉
沙巴翁醬冰淇淋
沙巴翁醬冰淇淋
沙巴翁醬冰淇淋

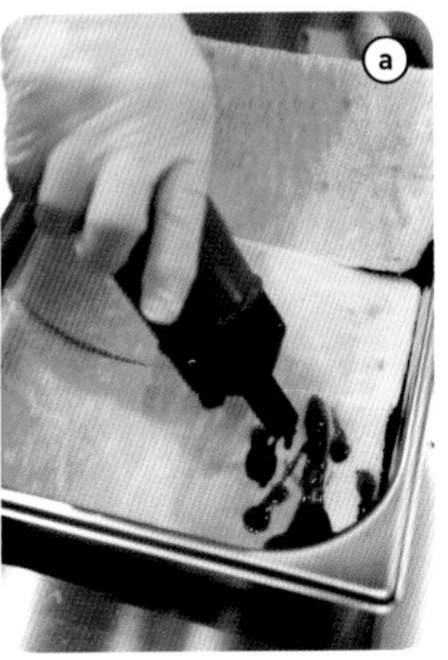

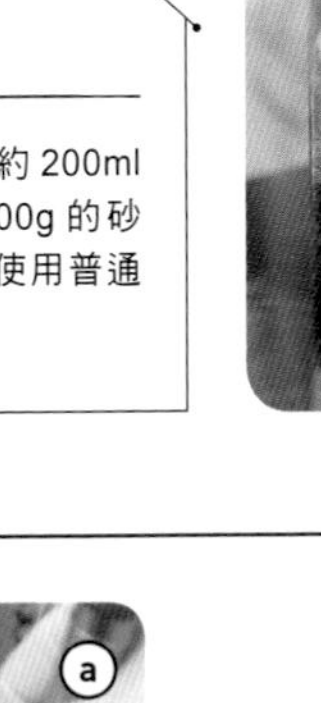

Memo

義式咖啡糖漿是使用約 200ml 的濃縮咖啡，搭配 100g 的砂糖混合而成。也可以使用普通的咖啡。

★沙巴翁*醬的食譜

<製作方式>

①將蛋黃與細砂糖徹底攪拌均勻（a）。
②添加紅酒，一邊隔水加熱，一邊使用打蛋器繼續拌勻。等到成為幕斯狀態之後，就使用冷水冷卻。

<材料>

紅酒（瑪薩拉酒）…360g
蛋黃…430g
細砂糖…360g

合計1150g

＊沙巴翁（Zabaglione）：起源於威尼斯，以蛋黃、甜酒製作的甜醬。

巧克力碎片

CHOCOLATE CHOP

白色基底　成本價100g · 日幣50元

濃純的冰淇淋與巧克力在口中融化之後，一起打造出的和諧氣氛，正是此款口味的魅力。美味的重點就在於，巧克力要選擇享用時容易在口中融化的品項。

Memo

如果在冰淇淋當中混入普通的巧克力，那麼冷卻之後口感會變得不是很好、不容易在口中融化，因此使用油分較多、巧克力碎片專用的COPELTULA。

<製作方式>

①將白色基底材料放進霜淇淋冷凍機當中。
②將製作完成的冰淇淋 1/2 移至容器內，把已經隔水加熱融化的 COPELTULA 淋 1/2 上去。
③等到淋在冰淇淋上的 COPELTULA 凝固之後，將整體徹底拌勻。
④將剩下的冰淇淋取出、移至容器內，重複上述相同步驟。
※ 裝飾用的 COPELTULA 不在食譜份量內。

<材料>

白色基底材料…950g
COPELTULA…50g
合計1000g

烤布蕾

CHOCOLATE CHOP

黃色基底　成本價100g · 日幣50元

烤布蕾是一種具有濃厚雞蛋風味、特徵是其焦糖香氣的布丁。這是活用現成商品的烤布蕾醬，就能表現烤布蕾口味的一款冰品。親和力非常高的口味，是廣受喜愛的義式冰淇淋。

Memo

就像這款烤布蕾醬打造的口味一樣，可以將目光放在稍具個性的口味上，打造出變化多端的義式冰淇淋口味。

＜製作方式＞

①將所有材料攪拌均勻，放進霜淇淋冷凍機當中。

※ 裝飾用的烤布蕾醬不在食譜份量內。

＜材料＞

黃色基底材料…760g

烤布蕾醬…80g

牛奶…160g

合計1000g

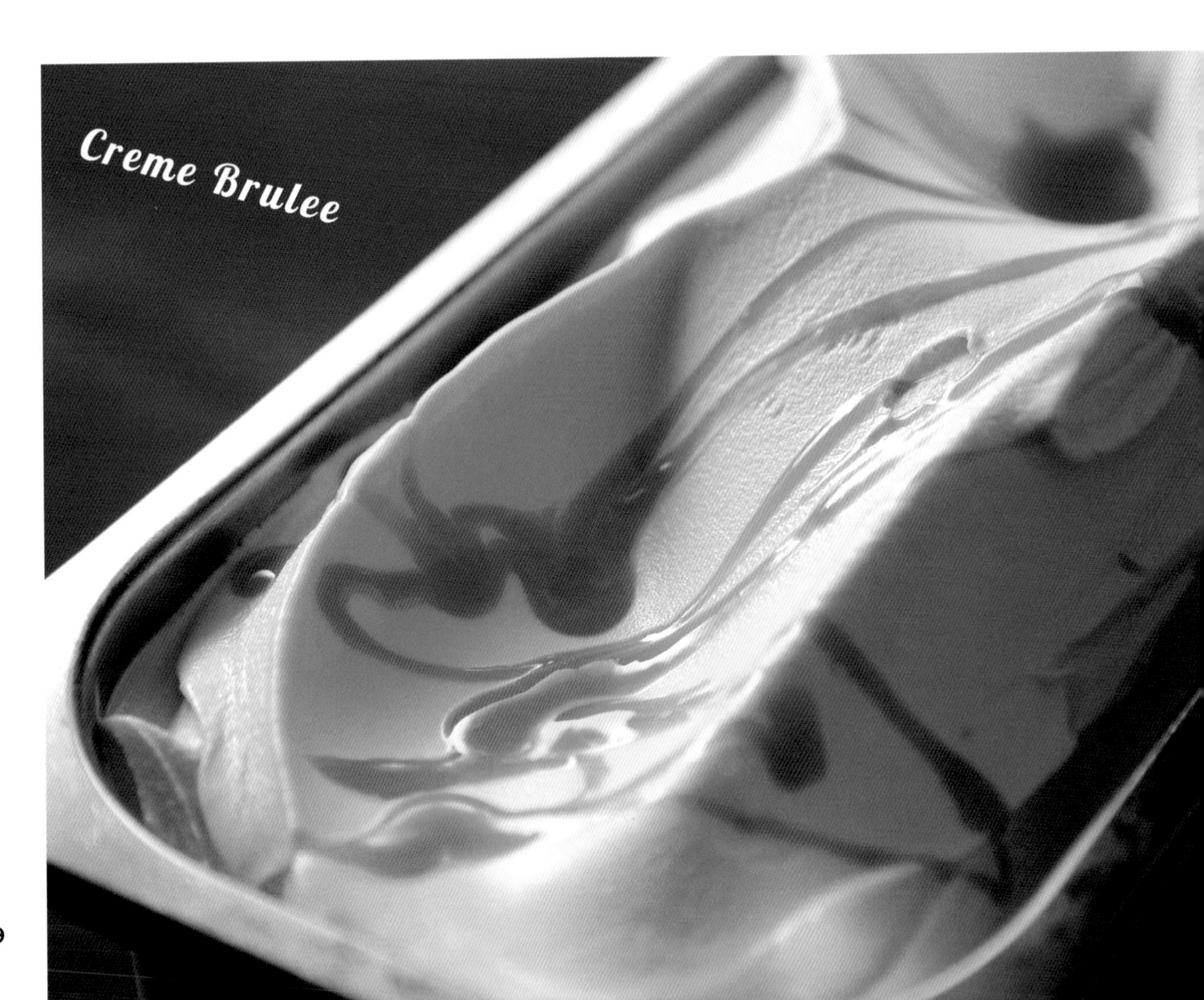

種類③ 巧克力、提拉米蘇以外的其他食譜

焦糖布丁
CREAM CARAMEL

黃色基底　成本價100g・日幣50元

＜製作方式＞

①將所有材料攪拌均勻，放進霜淇淋冷凍機當中。

＜材料＞

黃色基底材料…700g
焦糖醬…100g
牛奶…200g
合計1000g

奶油起司
CREAM CHEESE

黃色基底　成本價100g・日幣50元

Memo

「奶油起司冰淇淋」是具有濃厚起司風味的義式冰淇淋。使用不同種類的起司，也會讓風味有所改變。重點是將起司先做成較為溫和的醬汁以後再行使用。

＜材料＞

黃色基底材料…700g
奶油起司醬★…300g
合計1000g

＜製作方式＞

①將所有材料攪拌均勻，放進霜淇淋冷凍機當中。

★奶油起司醬的食譜

＜材料＞

奶油起司…400g
牛奶…560g
水飴（ハローデックス）…340g
檸檬果汁…60g
合計1360g（完成品約1300g）

＜製作方式＞

①使用食物調理機，將奶油起司打成濃稠的醬汁狀態。

②將牛奶與水飴放入鍋中，一邊攪拌一邊加熱。

③一邊注意不要燒焦，一邊將步驟①的材料加入，繼續加熱。等到80℃以後就使用冰水冷卻。

④加入檸檬果汁攪拌均勻。

展現巧克力的魅力

巧克力口味的冰淇淋，是在餐廳或者咖啡廳都非常受歡迎的甜點。
下面的照片是和牛奶冰淇淋放在一起，作成雙色冰淇淋，
再淋上巧克力醬、灑上堅果作為裝飾的範例。

種類④

堅果、餅乾……等等

香醇而又口味溫和的義式冰淇淋，和堅果類搭配起來也很棒。堅果的口感會成為非常好的重點。以下介紹的食譜除了堅果以外，也有使用餅乾製作的口味。

堅果、巧克力、牛奶冰淇淋。這個組合搭配不管在口味上、或者是口感上都出類拔萃。堅果類可以使用烤箱稍微烘烤以後會更加香氣十足，為美味增添一份魅力。使用多采多姿的堅果，打造出「森林樹木果實」這個商品名稱給人的印象，也更能提起顧客的興趣。

＜製作方式＞

①將白色基底材料放入霜淇淋冷凍機當中。
②將杏仁糖等六種堅果都預先打碎。
③將製作完成的冰淇淋 1/2 移至容器內，加入步驟②中已打碎的堅果 1/2 量（a）。之後將事先隔水加熱融化的 COPELTULA 淋上去（b）。等到 COPELTULA 凝固以後再將整體攪拌均勻（c）。
④將剩餘的冰淇淋都取出，移至容器內，把剩下的堅果都加進去，整體攪拌均勻。
※ 裝飾用的堅果類與 COPELTULA 不在食譜份量內。

＜材料＞

白色基底材料…845g
獨家製作杏仁糖★…50g
腰果（已烘烤）…15g
核桃（已烘烤）…15g
胡桃（已烘烤）…15g
開心果（已烘烤）…5g
榛果（已烘烤）…15g
COPELTULA…40g
合計1000g

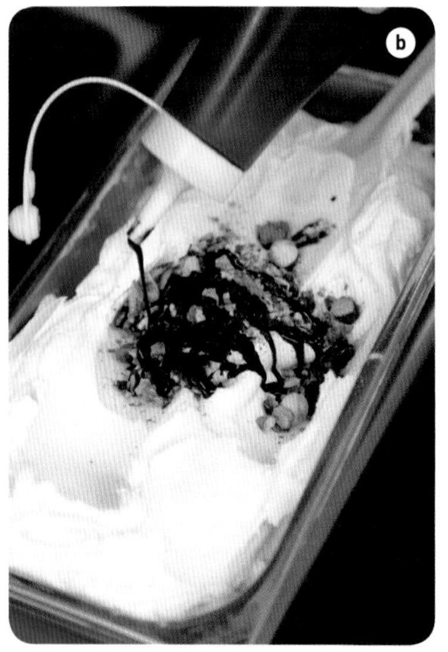

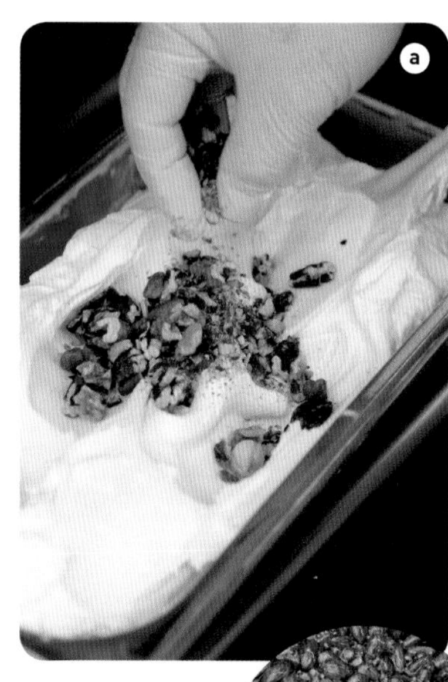

★獨家製作杏仁糖的食譜

Memo

除了杏仁糖以外，堅果類的烘烤狀況請依照各自喜愛之香氣程度去調整。堅果類非常容易氧化，因此可分裝為小包之後冷凍保存。

＜材料＞

新鮮杏仁粒…300g
水…100g
細砂糖…300g
合計700g（完成品約570g）

＜製作方式＞

①將水與細砂糖放入鍋中開火。沸騰之後將杏仁粒加進去，以木製抹刀攪拌均勻（a）。一邊攪拌要注意不可以燒焦。
②等到水份完全蒸發，細砂糖就會開始結晶，再次開火攪拌均勻使細砂糖再次融化（b）。等到細砂糖完全融化，就迅速將杏仁取出，放在鋪好烤盤紙的托盤上。盡可能將杏仁鋪平，不要重疊在一起（c）。冷卻凝固之後，杏仁糖就完成了。

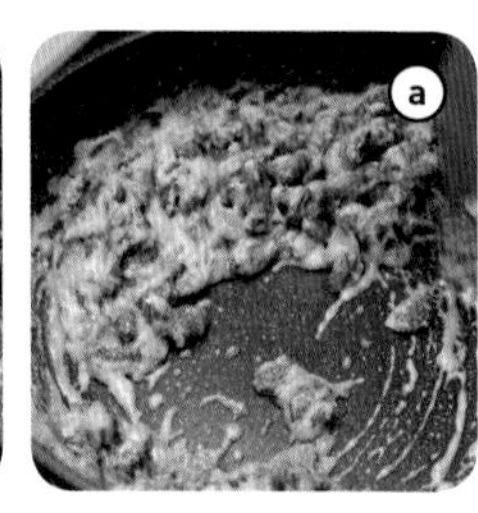

杏仁糖

CHOCOLATE CHOP

黃色基底 成本價100g · 日幣50元

在 64 頁已經介紹了獨家的焦糖風味杏仁糖製作方式，這頁則是杏仁糖口味的冰淇淋。將杏仁糖打碎之後混合均勻，就能享受焦糖的香氣與甜蜜，同時帶有杏仁的絕佳口感。

<材料>

黃色基底材料…890g

牛奶…30g

獨家製作杏仁糖（※ 參考64頁）…80g

合計1000g

<製作方式>

①將黃色基底材料與牛奶放入霜淇淋冷凍機當中。
②將製作完成的冰淇淋 1/2 移至容器內，把已經先行打碎的杏仁糖 1/2 量加入，攪拌均勻。
③將剩餘的冰淇淋都取出，移至容器內，把剩下的杏仁糖都加進去，整體攪拌均勻（a）。
※ 裝飾用的杏仁糖不在食譜份量內。

Memo

香氣十足的獨家製作杏仁糖，單獨拿來作為可外帶的商品，顧客應該也會十分高興。

夾心餅乾

COOKIE CREAM

白色基底　成本價100g · 日幣50元

只需要將市售的餅乾打碎，混進牛奶冰淇淋當中就能做好的一款冰品。而且，牛奶冰淇淋和餅乾這個組合，是非常受歡迎的。可以使用自己喜愛的餅乾，提升原創商品感也非常不錯。

Memo

使用在「夾心餅乾」口味當中的餅乾要打碎使用，混在冰淇淋當中，因此也能夠有效活用破損品（B 級品）。

<製作方式>

①將白色基底材料放入霜淇淋冷凍機當中。
②將製作完成的冰淇淋 1/2 移至容器內，把打碎的餅乾 1/2 量放進去攪拌均勻。將剩下的冰淇淋取出，重複相同的步驟。
※ 裝飾用的 COPELTULA 與餅乾不在食譜份量內。

<材料>

白色基底材料…940g
餅乾…60g
合計1000g

種類④

榛果巧克力

GIANDUIA

黃色基底　成本價100g・日幣80元

Memo

「GIANDUIA」是義大利製的產品，口味是帶有榛果風味的「大人的巧克力」。

＜材料＞

黃色基底材料…840g

GIANDUIA醬…80g

牛奶…80g

合計1000g

＜製作方式＞

①將所有材料攪拌均勻之後，放入霜淇淋冷凍機當中。

蘋果派

APPLE PIE

白色基底　成本價100g・日幣80元

＜製作方式＞

①將白色基底材料和1/2量的糖煮蘋果放入霜淇淋冷凍機當中。

②將製作完成的冰淇淋1/4移至容器內，將1/4量的糖煮蘋果和1/4量的派皮放上去。重複以上步驟，把整體做成漂亮的層疊。

＜材料＞

白色基底材料…2250g

糖煮蘋果
（※參考50頁「蘋果牛奶」的糖煮蘋果食譜）…750g

派皮（或蘇打餅乾）…適量

合計3000g（不包含派皮）

餐廳暨咖啡廳盛裝範例③

用堅果讓冰淇淋看起來更美味

下圖是在牛奶冰淇淋上使用堅果來裝飾的範例。
只要使用巧克力醬和堅果做裝飾，就能夠提高牛奶冰淇淋的商品價值。

種類⑤

日式材料、蔬菜

抹茶

GREEN TEA

白色基底　成本價100g・日幣70元

使用抹茶等「和風」材料，就能夠打造出日本獨特的義式冰淇淋。使用「蔬菜」製作的義式冰淇淋，也能夠展現出健康養生感，是前途看好的口味。

<材料>

白色基底材料…980g
抹茶…20g
合計1000g

<製作方式>

①使用攪拌機，將白色基底材料與抹茶攪拌均勻。

②將步驟①的材料放入霜淇淋冷凍機當中。

Memo

抹茶會由於光線、濕氣及空氣而氧化，顏色也會變得很糟，因此要將每次使用量分裝為小包裝之後冷凍保存。冷凍保存的時候也要留心不要照射到光線。

抹茶才能展現出的綠色，非常顯眼美麗。

在日本的義式冰淇淋專門店，「抹茶」經常都是最受歡迎口味的前三名之一，具有非常高的人氣。決定此款冰品是否美味的重點，就在於製作時使用的抹茶品質。如果使用品質良好的抹茶，就能做出有著美麗綠色、風味及香氣都強烈的冰淇淋。

Sake Flower

酒之華

SAKE FLOWER

白色基底　成本價100g · 日幣40元

這是使用酒粕製作的「日本風義式冰淇淋」。酒粕馥郁的香氣，能夠為牛奶冰淇淋增添截然不同的美味。在年節時分也可以像照片上那樣，灑上金箔和黑豆裝飾成特別商品。

Memo

使用酒粕，將能打造出名稱「酒之華」給人感受到的華麗香氣，做為商品的一大魅力。口味會因酒粕種類不同而有所改變。酒粕醬可以分裝為單次使用量之後冷凍保存。

＜製作方式＞

①將所有材料放入霜淇淋冷凍機當中。

※ 裝飾用的黑豆及金箔不在食譜份量內。

＜材料＞

白色基底材料…900g

酒之華醬★…100g

合計1000g

★酒之華醬的食譜

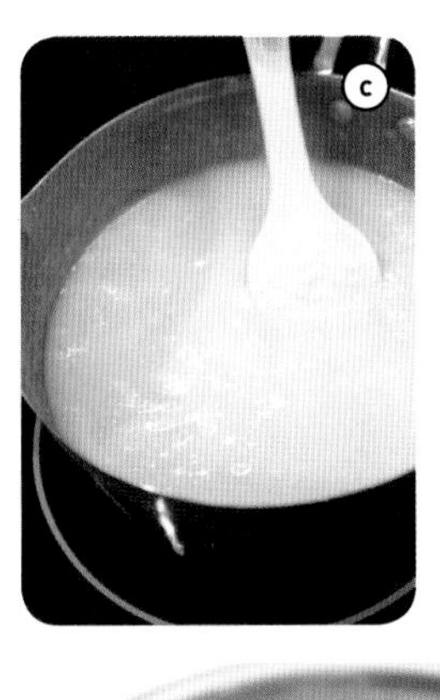

＜材料＞

酒粕…300g

細砂糖…120g

水…340g

合計760g（完成品約600g）

＜製作方式＞

①將水與細砂糖放入鍋中（a），沸騰之後轉為偏小的中火，將酒粕分為小塊加入鍋中（b）。

②留心不要燒焦，使用刮刀從鍋底一邊攪拌、一邊繼續烹煮（c），讓酒精成分徹底蒸發（大約是沸騰後五分鐘左右）。

③將步驟②的材料用攪拌機打到成為濃稠狀（d）。

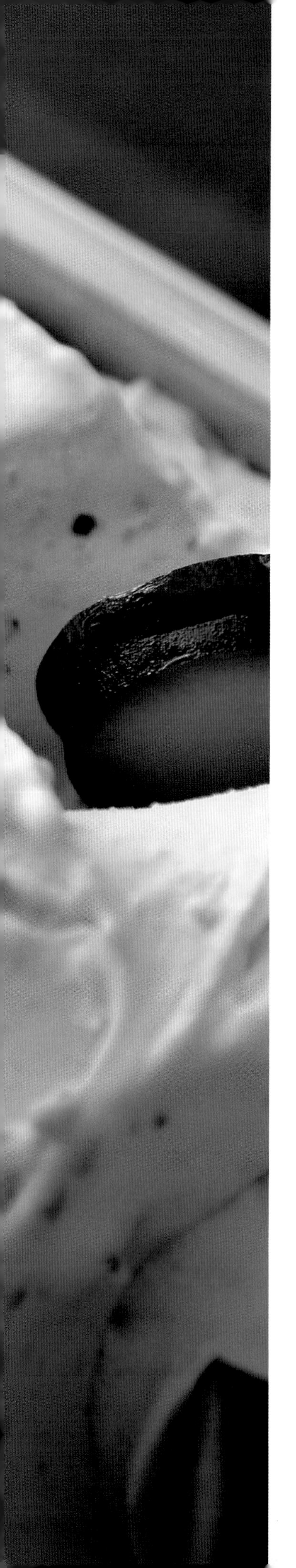

番薯

SWEET POTATO

黃色基底　成本價100g・日幣50元

這是使用番薯作為原料，給人一點意外感的義式冰淇淋。如果在店裡有這個口味，經常都會有女性客人點它。番薯的加熱烹調可以使用微波爐，不過也能使用檸檬來烹煮，可以為口味帶來變化。

Memo

番薯由於含有大量澱粉，因此做成冰淇淋以後會比較容易變硬，所以要多放一些糖分。本書當中使用的是甜度較低的水飴，讓整體口味不會變得太甜。

＜材料＞

黃色基底材料…720g
番薯（已加熱烹調）…200g
水飴（ハローデックス）…80g
合計1000g

＜製作方式＞

①先將番薯進行加熱烹調，使番薯具備適當的柔軟度（a）。
②將所有材料以攪拌機混和均勻（b），放入霜淇淋冷凍機當中。
※ 裝飾用的番薯不在食譜份量內。

b

a

Sweet Potato

黃豆粉冰淇淋

KINAKO

黃色基底　成本價100g・日幣40元

這是能夠品嚐「黃豆粉」質樸風味的一款義式冰淇淋。給人強烈的日式魅力印象，當然也使人耳目一新。也可以放一點黑豆上去作為裝飾。黃豆粉也會因為大豆烘焙的程度不同，而具有不同的風味，因此選擇材料方面非常重要。

Memo

一般都是使用大豆的黃豆粉，但若能使用玄米粉之類的素材，也會別有風味、更能拓展日式風味。

<材料>

黃色基底材料…980g
黃豆粉…20g
合計1000g

<製作方式>

①使用攪拌機將黃色基底材料與黃豆粉攪拌均勻，放入霜淇淋冷凍機當中。
※裝飾用的黑豆不在食譜份量內。

蕎麥冰淇淋

SOBA

白色基底　成本價100g · 日幣50元

<製作方式>

①使用攪拌機將白色基底材料與 20g 蕎麥茶攪拌均勻。
②將步驟①的材料放進霜淇淋冷凍機當中。
③將製作完成的冰淇淋取出，移至容器內，將剩下的 10g 蕎麥茶加進去攪拌均勻。

<材料>

白色基底材料…970g
蕎麥茶（烘烤過的蕎麥果實）…30g
合計1000g

黃豆粉麻糬

KINAKO MOCHI

黃色基底　成本價100g · 日幣70元

<製作方式>

①使用攪拌機將黃色基底材料與黃豆粉攪拌均勻，放入霜淇淋冷凍機當中。
②將製作完成的冰淇淋 1/2 移至容器內，並將 1/2 量的求肥放進去攪拌均勻。將剩下的冰淇淋取出，重複相同步驟。

＊求肥：一種麻糬，常作為和菓子的材料。

<材料>

黃色基底材料…880g
黃豆粉…20g
求肥＊（5mm塊狀）…100g
合計1000g

黑芝麻

BLACK SESAME

白色基底　成本價100g · 日幣40元

Memo

「黃豆粉麻糬」當中的求肥，是會令人吃上癮的口感。也可以依據個人喜好淋上黑糖蜜。「黑芝麻」的外觀則是灰色的，視覺上會令人感到震撼。

<製作方式>

①使用攪拌機將白色基底材料與黑芝麻攪拌均勻，放入霜淇淋冷凍機當中。

<材料>

白色基底材料…980g
黑芝麻（烘焙）…20g
合計1000g

大麥粉
WHEAT BRAN

黃色基底　成本價100g · 日幣40元

Memo

「大麥粉」在日文當中有許多種稱呼，是日本人從以前就非常熟悉的材料。「艾草」和求肥混在一起也十分美味。「小倉紅豆冰淇淋」則是完美調配小倉紅豆與牛奶的一款冰淇淋。

<製作方式>

①使用攪拌機將黃色基底材料與大麥粉攪拌均勻，放入霜淇淋冷凍機當中。

<材料>

黃色基底材料…980g
大麥粉…20g
合計1000g

南瓜
PUMPKIN

黃色基底　成本價100g · 日幣40元

<製作方式>

①將南瓜削皮並去掉種子以後，使用鍋爐或微波爐加熱烹調。
②使用攪拌機將步驟①的南瓜與其他材料攪拌均勻，放入霜淇淋冷凍機當中。

<材料>

黃色基底材料…720g
南瓜（已加熱烹調的果肉）…200g
水飴（ハローデックス）…80g
合計1000g

艾草
TANSY

白色基底　成本價100g · 日幣50元

<製作方式>

①將艾草粉、水飴、水放入鍋中，一邊攪拌一邊烹煮。
②將稍微放涼的步驟①材料混入白色基底材料，放入霜淇淋冷凍機當中。

<材料>

白色基底材料…870g
艾草粉…10g
水飴（ハローデックス）…50g
水…70g
合計1000g

小倉紅豆冰淇淋
BEAN JAM

白色基底　成本價100g · 日幣40元

<製作方式>

①將小倉紅豆與牛奶混在一起後過濾。
②將步驟①過濾下來的牛奶、1/2 份量的小倉紅豆與白色基底材料攪拌均勻，放入霜淇淋冷凍機當中。
③將製作完成的冰淇淋移至容器內，把剩下的小倉紅豆都攪拌進去。

<材料>

白色基底材料…700g
小倉紅豆（已煮過）…200g
牛奶…100g
合計1000g

玉米

CORN

黃色基底　成本價100g・日幣50元

<製作方式>

①將加熱烹調過的玉米和黃色基底材料、水飴以攪拌機攪拌打成膏狀。若還有薄皮殘留，就使用棉布過濾（※如果使用高速款的攪拌機，就會打成非常濃稠的膏狀，不需要使用棉布過濾）。

②將步驟①的材料放進霜淇淋冷凍機當中。

<材料>

黃色基底材料…720g
玉米（已加熱烹調過）…200g
水飴（ハローデックス）…80g
合計1000g

Memo

「玉蜀黍」口味有著明亮的黃色，玉米的風味也與牛奶十分相稱。「燉飯」當中使用檸檬皮及蘭姆酒等調味的米粒，口感也令人上癮。

燉飯（米）

RISOTTO

白色基底　成本價100g・日幣40元

★燉飯醬的食譜

<材料>

米…400g　水…1500g　鹽…5g
（煮完後的飯）…約700g
牛奶…800g
水飴（ハローデックス）…240g
細砂糖…200g
海藻糖…100g
鮮奶油…160g
蘭姆酒…30g
磨成泥的檸檬皮…4個分
合計2230g
（不包含檸檬皮的份量。完成品約2100g）

<製作方式>

①洗米之後以鹽及水煮到幾乎沒有米芯的軟硬程度，以流動水洗淨之後瀝乾。

②將步驟①的米粒與牛奶、水飴、細砂糖、海藻糖放進鍋中後開火，沸騰後轉小火煮5分鐘左右，再將鮮奶油及蘭姆酒加進去。稍微攪拌一下之後關火，把檸檬皮泥加進去攪拌，稍微放涼一些。於冷藏庫放置2～3天，讓口味變溫和之後再行使用。

<材料>

白色基底材料…600g
燉飯醬★…200g
牛奶…200g
合計1000g

<製作方式>

①將所有材料混合均匀，放入霜淇淋冷凍機當中。

餐廳暨咖啡廳盛裝範例④

下點功夫使商品有日式風情、蔬菜感

以下是和風義式冰淇淋、蔬菜義式冰淇淋的盛裝範例。
右邊是結合抹茶冰淇淋、紅豆及湯圓，非常受歡迎的組合。
左邊則是「番薯」口味的冰淇淋，使用切成厚片的番薯片來裝飾。

沙巴翁

ZABAJONE

黃色基底　成本價100g・日幣50元

＜製作方式＞

①將所有材料放進霜淇淋冷凍機當中。

Memo

「沙巴翁」是使用西西里的瑪薩拉酒製成的一種義大利傳統冰品。「檸檬酒」則是具有檸檬風味的成熟風格冰品。兩種都是含有少量酒精成份的冰淇淋。

＜材料＞

黃色基底材料…800g
沙巴翁醬（參考57頁）…100g
牛奶…100g

合計1000g

紅酒冰淇淋

WINE

白色基底　成本價100g・日幣60元

＜製作方式＞

①將所有材料放進霜淇淋冷凍機當中。

＜材料＞

白色基底材料…880g
紅酒…90g
葡萄柚果汁…20g
檸檬果汁…10g

合計1000g

檸檬酒

LIMONCELLO

白色基底　成本價100g・日幣50元

＜製作方式＞

①將所有材料放進霜淇淋冷凍機當中。

＜材料＞

白色基底材料…890g
檸檬酒（檸檬利口酒）…30g
磨成泥的檸檬皮…1個檸檬量
檸檬果汁…20g　牛奶…60g

合計1000g（不包含檸檬皮）

卡布奇諾

CAPPUCCINO

白色基底　成本價100g．日幣60元

<製作方式>

①將所有材料放進霜淇淋冷凍機當中。

「咖啡醬」製作方式…將細砂糖（500g）放進較深的鍋子當中，開火。等到細砂糖開始融化沸騰之後轉為小火，一直烹煮到呈現焦褐色（約為沸騰之後2～3分鐘）。加入熱水（500g／100℃）稀釋（注意加入熱水時不要被蒸氣燙到。要把手放在鍋子外面進行此步驟），慢慢加入即溶咖啡（70g），一點點地使其溶化在內。冷卻後使用。

<材料>

白色基底材料…870g

咖啡醬※…30g

牛奶…100g

合計1000g

奶茶

MILK TEA

白色基底　成本價100g．日幣50元

<製作方式>

①將所有材料放進霜淇淋冷凍機當中。

※「紅茶醬」製作方式…使用鍋子將水（750g）煮沸，放入紅茶茶葉（100g）之後轉小火煮2～3分鐘，然後過濾。將細砂糖（150g）放進過濾完的紅茶中溶解，冷卻後使用。

<材料>

白色基底材料…840g

紅茶醬※…160g

合計1000g

Memo

「卡布奇諾」若能加入少許義式咖啡，能夠更加增添風味。「奶茶」會隨不同種類的紅茶及烹煮方式，而有口味上的差異。請依照個人喜好進行調整。

優格冰淇淋

YOUGURT

白色基底　成本價100g．日幣30元

<材料>

白色基底材料…350g

原味優格…450g

細砂糖…50g

水飴（ハローデックス）…150g

合計1000g

<製作方式>

①將所有材料放進霜淇淋冷凍機當中。

餐廳暨咖啡廳盛裝範例⑤

義式冰淇淋宴會！！

使用冰淇淋匙挖出的圓球狀義式冰淇淋，如果能像照片上這樣盛裝的非常立體，就會給人很華麗的印象。拿來作為宴會上提供給賓客的甜點，應該非常不錯吧？

千變萬化的雪酪

■關於成本價…此處標示的是完成的義式冰淇淋每 100g 大約的成本價格。由於成本金額會隨著使用之材料的等級、以及進貨方式等有所變更，因此這只是提供一個大概金額給大家參考。另外，製作完成的義式冰淇淋會有膨脹率（因為當中含有空氣），所以 100g 的份量大約是要裝入 120ml 的容器當中。

■關於水果之清洗、殺菌…水果必須清洗、殺菌後再行使用。首先，將稀釋的中性清潔劑倒入大碗中，將水果放進去、使用海棉等來輕輕刷洗水果表面後，以流動水清洗乾淨。之後將清洗乾淨的水果，泡在次氯酸鈉 200ppm 溶液（若為濃度 6% 的產品，就以水稀釋 300 倍）當中五分鐘以殺菌，之後以流動水清洗乾淨。果皮及種子的處理則依該水果需求。另外，如果該水果需要去皮或種子等，則計算重量時為去除果皮或種子後的重量。

■關於安定劑…本書當中使用在雪酪當中的安定劑，「使用量範圍」為 2% ～ 2.5% 上下（以糖增量之產品），在書中介紹的食譜當中，每 1000g 會使用 20g。由於沒有使用糖來增量的產品，有些使用範圍只有 0.2% ～ 0.5，還請配合計算後使用。

種類①

各種受歡迎的水果

水果雪酪能夠享用各式各樣水果的美味，正是義式冰淇淋的醍醐味。首先我會介紹以檸檬和草莓為首，非常受歡迎的各種水果口味雪酪。

檸檬雪酪
LEMON SHERBET

新鮮果汁　成本價100g・日幣40元

這是一款特徵在於檸檬清爽酸味的義式冰淇淋。使用新鮮的檸檬果汁，就能夠讓人充分品嘗這個特徵。帶著檸檬的清爽酸味以及糖類的甘甜。重點就在於這兩者之間的協調。

＜材料＞

新鮮檸檬果汁…160g	
細砂糖…180g	
海藻糖…30g	
水飴（ハローデックス）…50g	
安定劑…20g	
水（35℃～45℃）…560g	
	合計1000g

＜製作方式＞

①使用手動榨汁機擠出檸檬果汁。
②將水與安定劑放入攪拌機內，仔細攪拌均勻。
③將細砂糖、海藻糖、水飴也加進去，仔細攪拌均勻。
④將步驟①的檸檬果汁加進去。
⑤將步驟④的材料放進霜淇淋冷凍機當中。
※ 裝飾用的檸檬不在食譜份量內。

Memo

如果將檸檬皮磨成泥添加進去，會更增添香氣。不過要注意，放太多的話會有苦味。另外，若要使用檸檬皮，一定要徹底將檸檬洗乾淨。

草莓雪酪

STRAWBERRY SHERBET

新鮮果實　成本價100g · 日幣80元

日本是草莓消費量最大的國家之一。對於「喜愛草莓」的日本人來說，這款雪酪實在令人開心。日本生產的草莓品種也很豐富。不同種類的草莓，在顏色、香氣、酸味與甜度的平衡上都會不同，可以告知客人品種的名稱。

Memo

草莓的殺菌方式，除了 36 頁介紹的方法以外，也可以使用 100℃的熱水浸泡 30 秒左右，再行使用。

<製作方式>

①將草莓依照 36 頁介紹的方法清洗乾淨並殺菌。
②將水與安定劑放入攪拌機內，仔細攪拌均勻。
③將細砂糖、海藻糖、水飴也加進去，仔細攪拌均勻（a）。
④將步驟①的草莓、一部分步驟③的材料以及檸檬果汁都放進攪拌機當中攪拌（b）。
⑤將步驟④的材料，以及剩下的步驟③材料一起放進霜淇淋冷凍機當中（c、d）。
※ 裝飾用的草莓不在食譜份量內。

<材料>

新鮮草莓…400g
檸檬果汁…20g
細砂糖…165g
海藻糖…27g
水飴（ハローデックス）…48g
安定劑…20g
水（35℃～45℃）…320g
合計1000g

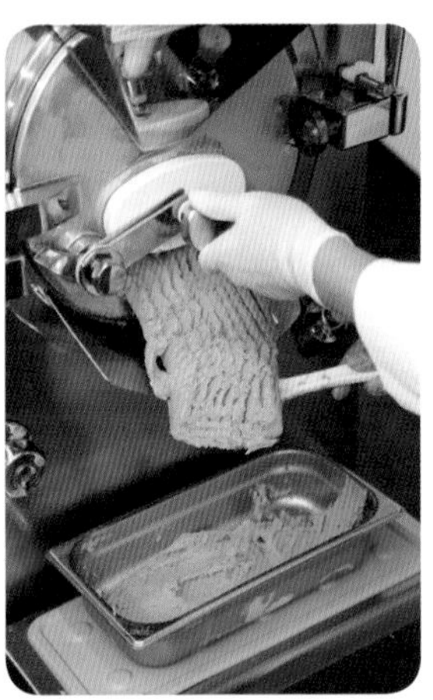

POPULAR FRUITS

Strawberry Sherbet

森林莓果雪酪

STRAWBERRIES IN THE FOREST

新鮮果實・冷凍顆粒　成本價100g・日幣60元

莓果類就算是單一水果也非常受歡迎，不過能加以混搭一下的話，顏色和風味都會有所改變，表現出店家的原創性。這款口味由於使用了各式各樣的莓果，因此命名為「森林莓果」。像這樣為商品取名稱的工夫，也能夠展現獨創性。

＜製作方式＞

①將草莓依照 36 頁介紹的方法清洗乾淨並殺菌。
②將水與安定劑放入攪拌機內，仔細攪拌均勻。
③將細砂糖、海藻糖、水飴也加進去，仔細攪拌均勻。
④將步驟①的草莓、已經殺菌處理過的覆盆子、藍莓及一部分步驟③的材料以及檸檬果汁都放進攪拌機當中攪拌。
⑤將步驟④的材料，以及剩下的步驟③材料一起放進霜淇淋冷凍機當中。
※ 裝飾用的莓果不在食譜份量內。

＜材料＞

新鮮草莓…120g
覆盆子（冷凍顆粒）…80g
藍莓（冷凍顆粒）…50g
檸檬果汁…20g
細砂糖…175g
海藻糖…29g　水飴（ハローデックス）…50g
安定劑…20g　水（35℃～45℃）…456g
合計1000g

Strawberries In The Forest

Memo

冷凍顆粒的莓果殺菌方式，可以將解凍後的莓果、砂糖及檸檬一起使用攪拌機攪拌均勻，煮到滾之後放涼再使用。先添加檸檬和砂糖的話，顏色會發色比較漂亮、風味也不會變質。

哈密瓜雪酪

MELON SHERBET

新鮮果實　成本價100g · 日幣50元

哈密瓜也是日本人非常喜愛的水果之一，因此哈密瓜雪酪也是相當受歡迎的商品。本書食譜當中使用的是紅肉哈密瓜。紅肉哈密瓜的顏色和香氣都夠強，風味上也比較穩定，因此用來製作雪酪也比較簡單。

Memo

將一部分水換成牛奶的話，口感會變得比較好、顏色也會稍為淡一些。牛奶使用量在20%以下的話，乳固形物含量就不滿3%（※為使用一般牛奶的情況）。

＜製作方式＞

①將哈密瓜的果皮及種子都去除之後，切成適當的大小（a）。
②將水與安定劑放入攪拌機內，仔細攪拌均勻。
③將細砂糖、海藻糖、水飴也加進去，仔細攪拌均勻。
④將步驟①的哈密瓜、一部分步驟③的材料以及檸檬果汁都放進攪拌機當中攪拌。
⑤將步驟④的材料，以及剩下的步驟③材料一起放進霜淇淋冷凍機當中。
⑥1分鐘後將牛奶也放入霜淇淋冷凍機當中。
※裝飾用的哈密瓜不在食譜份量內。

＜材料＞

新鮮哈密瓜…400g
檸檬果汁…10g
細砂糖…134g
海藻糖…22g
水飴（ハローデックス）…38g
安定劑…20g
水（35℃～45℃）…176g
牛奶…200g
合計1000g

Melon Sherbet

蘋果雪酪

APPLE SHERBET

新鮮果實　成本價100g・日幣40元

蘋果若是使用了蘋果皮，就能夠讓雪酪的風味更上一層樓。也會增加冰淇淋當中的多酚和果膠等營養成分，加上外觀也能看見果皮的顆粒，具有提高手工製作感的效果。製作的時候可以留心一下不同品種的蘋果，會有著不一樣的風味。

Memo

也有另一種製作方法，就是混用不同種的蘋果。舉例來說，如果把紅色果皮的赤玉加進去的話，就很容易變成帶點粉紅色的成品，在外觀上表現出特徵。

＜製作方式＞

①將蘋果去皮、拔除果芯。這個時候可以留下大約 1/3 的蘋果皮，將蘋果切成適當的大小。
②將水與安定劑放入攪拌機內，仔細攪拌均勻。
③將細砂糖、海藻糖、水飴也加進去，仔細攪拌均勻。
④將步驟①的蘋果、一部分步驟③的材料以及檸檬果汁都放進攪拌機當中攪拌。
⑤將步驟④的材料，以及剩下的步驟③材料一起放進霜淇淋冷凍機當中。
※ 裝飾用的蘋果不在食譜份量內。

＜材料＞

新鮮蘋果…400g
檸檬果汁…20g
細砂糖…152g
海藻糖…25g
水飴（ハローデックス）…48g
安定劑…20g
水（35℃～45℃）…335g
合計1000g

奇異果雪酪

KIWI FRUIT SHERBET

新鮮果實　成本價100g · 日幣40元

這是雪酪當中，唯有奇異果才能展現出的獨特色調。奇異果是富含維生素、礦物質及食物纖維的水果。由於是風味非常強烈的水果，因此使用量就減少一些，另外加上牛奶來打造出溫和的口味。

Memo

能夠看見種子顆粒，在外觀上會給人比較可愛的感覺。為了要有較佳的風味，也最好不要將種子打太碎，使用攪拌機的時候還請多加注意。

＜製作方式＞

①將奇異果去皮之後切成適當的大小。
②將水與安定劑放入攪拌機內，仔細攪拌均勻。
③將細砂糖、海藻糖、水飴也加進去，仔細攪拌均勻。
④將步驟①的奇異果、一部分步驟③的材料以及檸檬果汁都放進攪拌機當中攪拌。注意不要將種子都打碎，讓攪拌機斷斷續續地把所有材料攪拌均勻。
⑤將步驟④的材料，以及剩下的步驟③材料一起放進霜淇淋冷凍機當中。
⑥ 1 分鐘後將牛奶也放入霜淇淋冷凍機當中。

＜材料＞

新鮮奇異果…250g
檸檬果汁…20g
細砂糖…151g
海藻糖…25g
水飴（ハローデックス）…43g
安定劑…20g
水（35℃～45℃）…291g
牛奶…200g
合計1000g

「奇異果雪酪」獨特的溫和綠色，排在展示櫃當中也會出現顏色變化。

CHAPTER
3
千變萬化的雪酪
Grapefruit Sherbet

葡萄柚雪酪

GRAPEFRUIT SHERBET

新鮮果實　成本價100g · 日幣40元

這款雪酪能讓人感受到葡萄柚的清爽酸味、以及些許的苦味。葡萄柚當中的檸烯成分據說有使人放鬆的效果。這份食譜當中使用的紅寶石葡萄柚，還含有具抗氧化作用的番茄紅素。

＜製作方式＞

①將葡萄柚去皮之後，剔除種子與內果皮，只使用果肉（a、b）。
②將水與安定劑放入攪拌機內，仔細攪拌均勻。
③將細砂糖、海藻糖、水飴也加進去，仔細攪拌均勻。
④將步驟①的葡萄柚、一部分步驟③的材料以及檸檬果汁都放進攪拌機當中攪拌。
⑤將步驟④的材料，以及剩下的步驟③材料一起放進霜淇淋冷凍機當中。
※ 裝飾用的葡萄柚不在食譜份量內。

＜材料＞

新鮮葡萄柚…400g
檸檬果汁…20g
細砂糖…152g
海藻糖…25g
水飴（ハローデックス）…48g
安定劑…20g
水（35℃～45℃）…335g
合計1000g

POPULAR FRUITS

Memo

可以在雪酪快要完成之前，將大約一個葡萄柚量的果肉放進去，這樣就能夠做出有葡萄柚顆粒感，且感覺非常新鮮的商品。

橘子雪酪

ORANGE SHERBET

新鮮果汁　成本價100g・日幣50元

晚崙夏橙的酸味較強。臍橙則有溫和的酸味與風味。紅色果肉的血橙則較甜且濃郁。使用不同種類的橘子，會讓橘子雪酪的口味產生變化。本食譜當中使用的是晚崙夏橙。

＜製作方式＞

①使用手動榨汁機等工具擠出橘子果汁。
②將水與安定劑放入攪拌機內，仔細攪拌均勻。
③將細砂糖、海藻糖、水飴也加進去，仔細攪拌均勻。
④將步驟①的橘子果汁、檸檬果汁加進去攪拌均勻。
⑤將步驟④的材料放進霜淇淋冷凍機當中。
※ 裝飾用的橘子不在食譜份量內。

＜材料＞

新鮮橘子果汁…400g　檸檬果汁…20g
細砂糖…152g　海藻糖…25g
水飴（ハローデックス）…48g
安定劑…20g
水（35℃～45℃）…335g
合計1000g

Memo

血橙含有大量花色素苷，據說對眼睛很好。使用血橙的話，這點也會成為商品的魅力之一。

鳳梨雪酪

PINEAPPLE SHERBET

新鮮水果　成本價100g · 日幣30元

<製作方式>

①去除鳳梨的果皮及果芯以後，切成適當的大小。
②將水與安定劑放入攪拌機內，仔細攪拌均勻。
③將細砂糖、海藻糖、水飴也加進去，仔細攪拌均勻。
④將步驟①的鳳梨、一部分步驟③的材料以及檸檬果汁都放進攪拌機當中攪拌。攪拌之後要過濾，去除鳳梨的纖維。
⑤將步驟④的材料，以及剩下的步驟③材料一起放進霜淇淋冷凍機當中。

<材料>

新鮮鳳梨…400g
檸檬果汁…20g
細砂糖…143g
海藻糖…24g
水飴（ハローデックス）…41g
安定劑…20g
水（35℃～45℃）…352g
合計1000g

芒果雪酪

MANGO SHERBET

新鮮果實　成本價100g · 日幣70元

<製作方式>

①去除芒果果皮與種子。
②將水與安定劑放入攪拌機內，仔細攪拌均勻。
③將細砂糖、海藻糖、水飴也加進去，仔細攪拌均勻。
④將步驟①的芒果、一部分步驟③的材料以及檸檬果汁都放進攪拌機當中攪拌。
⑤將步驟④的材料，以及剩下的步驟③材料一起放進霜淇淋冷凍機當中。

<材料>

新鮮芒果…300g　檸檬果汁…20g
細砂糖…143g　海藻糖…24g
水飴（ハローデックス）…41g
安定劑…20g
水（35℃～45℃）…452g
合計1000g

葡萄雪酪

GRAPE SHERBET

新鮮果實　成本價100g · 日幣50元

<製作方式>

①將水與安定劑放入攪拌機內，仔細攪拌均勻。
②將細砂糖、海藻糖、水飴也加進去，仔細攪拌均勻。
③將葡萄、一部分步驟②的材料以及檸檬果汁都放進攪拌機當中攪拌。注意不要將種子打碎，讓攪拌機斷斷續續地把所有材料攪拌均勻。過濾去除種子及果皮（※若使用無籽葡萄，並以高速攪拌機將果皮都完全打碎的話，就不需要過濾）
④將步驟③的材料，以及剩下的步驟②材料一起放進霜淇淋冷凍機當中。

<材料>

新鮮葡萄…300g　檸檬果汁…20g
細砂糖…133g　海藻糖…21g
水飴（ハローデックス）…38g
安定劑…20g
水（35℃～45℃）…468g
合計1000g

Memo

鳳梨是很容易包覆空氣的材料，因此從霜淇淋冷凍機當中取出時，如果能在較低的溫度中取出（雪酪仍為固化狀態），便能抑制空氣含有量（膨脹率）。葡萄除了一般的紫色葡萄以外，香氣優雅的麝香葡萄也非常受歡迎。

藍莓雪酪

BLUEBERRY SHERBET

果泥　成本價100g・日幣100元

＜製作方式＞

①將水與安定劑放入攪拌機內，仔細攪拌均勻。
②將細砂糖、海藻糖、水飴也加進去，仔細攪拌均勻。
③將藍莓果泥與檸檬果汁添加進去，攪拌均勻。
④將步驟③的材料放入霜淇淋冷凍機當中。

＜材料＞

冷凍藍莓果泥（10%加糖）…300g
檸檬果汁…20g　細砂糖…145g
海藻糖…24g　水飴（ハローデックス）…42g
安定劑…20g
水（35℃～45℃）…449g
合計1000g

Memo

如果要使用新鮮藍莓，可以先和砂糖、檸檬果汁一起使用攪拌機打勻之後，煮滾再冷卻使用，完成品會更加美味。「綜合水果雪酪」最重要的就是，將香氣強度不同的各種水果調配均衡。

覆盆子雪酪

RASPBERRY SHERBET

果泥　成本價100g・日幣80元

＜製作方式＞

①將水與安定劑放入攪拌機內，仔細攪拌均勻。
②將細砂糖、海藻糖、水飴也加進去，仔細攪拌均勻。
③將覆盆子果泥與檸檬果汁添加進去，攪拌均勻。
④將步驟③的材料放入霜淇淋冷凍機當中。

＜材料＞

冷凍覆盆子果泥（10%加糖）…300g
檸檬果汁…20g　細砂糖…133g
海藻糖…21g　水飴（ハローデックス）…38g
安定劑…20g
水（35℃～45℃）…468g
合計1000g

綜合水果雪酪

MIXFRUIT SHERBET

新鮮果實　成本價100g・日幣40元

＜製作方式＞

①將所有水果進行前置處理，並切成適當大小。
②將水與安定劑放入攪拌機內，仔細攪拌均勻。
③將細砂糖、海藻糖、水飴也加進去，仔細攪拌均勻。
④將步驟①中的水果、一部分步驟③的材料以及檸檬果汁都放進攪拌機當中攪拌。
⑤將步驟④的材料，以及剩下的步驟③材料一起放進霜淇淋冷凍機當中。

＜材料＞

新鮮蘋果…100g　新鮮香蕉…70g
新鮮鳳梨…70g　新鮮橘子…70g
新鮮草莓…40g　檸檬果汁…20g
細砂糖…147g　海藻糖…24g
水飴（ハローデックス）…42g
安定劑…20g　水（35℃～45℃）…397g
合計1000g

餐廳暨咖啡廳盛裝範例⑥

雪酪×淋醬

雪酪的魅力之一就在於鮮豔的水果顏色。
除了活用雪酪的顏色以外，也可以試著下點工夫用淋醬來讓盤面變的更加繽紛。

種類②
稀有水果類

李子雪酪

PLUM SHERBET

新鮮果實　成本價100g・日幣40元

香氣非常濃郁，酸酸甜甜的，作為夏季水果雪酪頗受歡迎。在季節開始就能採收的大石早生種香氣強烈、果皮也有著非常美麗的紅色，能夠做出外觀也十分亮麗的雪酪。

<製作方式>

①去掉李子的種子，果皮直接留下來直接使用。
②將水與安定劑放入攪拌機內，仔細攪拌均勻。
③將細砂糖、海藻糖、水飴也加進去，仔細攪拌均勻。
④將步驟①中的李子、一部分步驟③的材料以及檸檬果汁都放進攪拌機當中攪拌（a）。
⑤將步驟④的材料，以及剩下的步驟③材料一起放進霜淇淋冷凍機當中。

<材料>

新鮮李子…250g　檸檬果汁…20g
細砂糖…152g　海藻糖…25g
水飴（ハローデックス）…44g
安定劑…20g
水（35℃～45℃）…489g
合計1000g

Memo

大石早生種就算在購買的時候顏色不是很漂亮，只要在常溫下放置1～3天，就會成為紅艷成熟、適合做成雪酪的狀態。

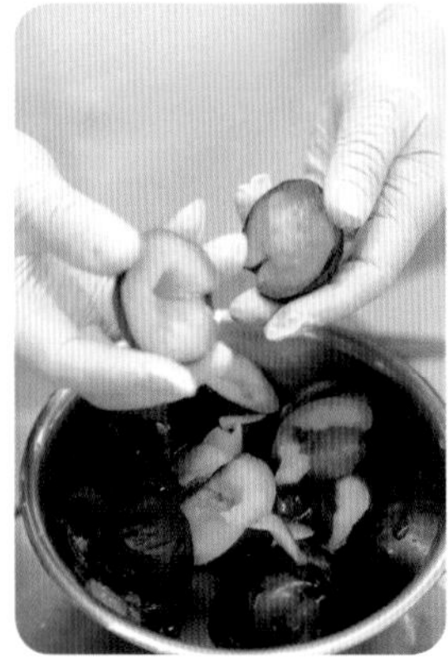

去除種子的時候，請先將刀子切進去之後，把李子割成一半。之後刀子沿著種子切割開來，取出種子。

即使在日本不是特別受歡迎，做成雪酪也能夠有豐郁口味的特別水果們。用來製作成雪酪還挺少見的感覺，以下介紹的水果雪酪就是這類口味。

Plum Sherbet

Nectarine Sherbet

杏桃雪酪

NECTARINE SHERBET

新鮮果實　成本價100g・日幣50元

杏桃是桃子的一種。具有光滑無毛的紅色表皮，果肉非常結實、帶著適中的酸味。口味非常溫和，是男女老少都會喜愛的雪酪口味。使用和杏桃非常對味的牛奶，能讓外觀的顏色也非常柔和。

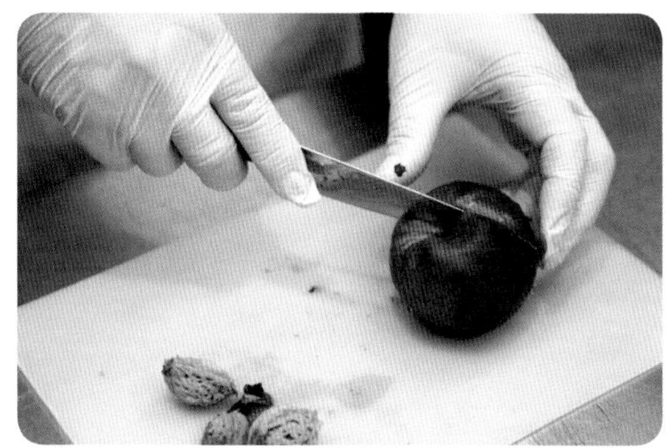

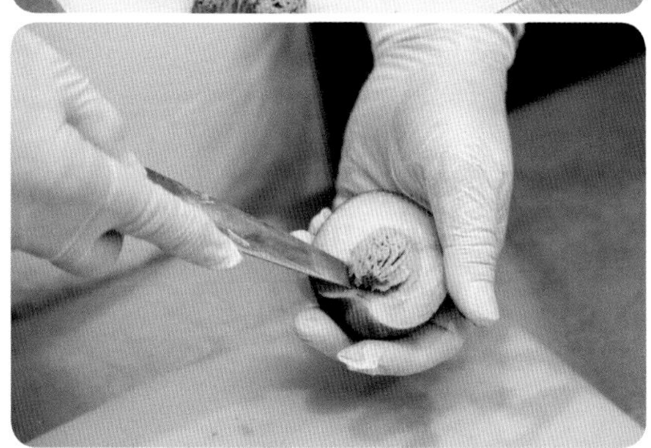

杏桃就跟104頁的李子一樣，連皮使用。不剝皮，將刀子沿著種子劃開，拔掉果核。

<材料>

新鮮杏桃…400g
檸檬果汁…10g
細砂糖…126g
海藻糖…21g
水飴（ハローデックス）…36g
安定劑…20g
水（35℃～45℃）…187g
牛奶…200g

合計1000g

<製作方式>

①去除杏桃的種子，果皮留下來直接使用。
②將水與安定劑放入攪拌機內，仔細攪拌均勻。
③將細砂糖、海藻糖、水飴也加進去，仔細攪拌均勻。
④將步驟①的杏桃、一部分步驟③的材料以及檸檬果汁都放進攪拌機當中攪拌。
⑤將步驟④的材料，以及剩下的步驟③材料一起放進霜淇淋冷凍機當中。
⑥1分鐘後將牛奶也放入霜淇淋冷凍機當中。
※裝飾用的杏桃不在食譜份量內。

Memo

使用牛奶，能讓口感也變得比較溫潤。

番茄&羅勒

TOMATO & BASIL

新鮮果實　成本價100g · 日幣60元

若使用大紅色的成熟番茄，那麼就能做出顏色、香氣、酸味、甜味都非常均衡的美味雪酪。如果多放一些檸檬，就能增添清爽感；加上一些羅勒等香草，就能夠做成義式風格。

<製作方式>

①去除番茄的蒂頭，浸泡熱水後剝除果皮。
②將水與安定劑放入攪拌機內，仔細攪拌均勻。
③將細砂糖、海藻糖、水飴也加進去，仔細攪拌均勻。
④將步驟①的番茄、一部分步驟③的材料以及檸檬果汁都放進攪拌機當中攪拌（a、b）。
⑤將羅勒與一部分步驟④的材料以攪拌機攪拌均勻之後，與剩下的步驟④材料倒在一起（c、d）。
⑥將步驟⑤的材料，以及剩下的步驟③材料一起放進霜淇淋冷凍機當中。
※ 裝飾用的番茄及羅勒不在食譜份量內。

<材料>

新鮮番茄…350g
新鮮羅勒…2片
檸檬果汁…80g
細砂糖…168g
海藻糖…28g
水飴（ハローデックス）…48g
安定劑…20g
水（35℃～45℃）…306g

合計1000g

Tomato & Basil

Memo

成熟番茄的果皮表面容易有裂痕，不過由於製作雪酪的時候會去皮，因此並沒有使用上的問題。使用熱水剝皮法還能順便殺菌。

番茄雪酪
TOMATO SHERBET

新鮮果實　成本價100g．日幣50元

＜製作方式＞

①去除番茄的蒂頭，浸泡熱水後剝除果皮。
②將水與安定劑放入攪拌機內，仔細攪拌均勻。
③將細砂糖、海藻糖、水飴也加進去，仔細攪拌均勻。
④將步驟①的番茄、一部分步驟③的材料以及檸檬果汁都放進攪拌機當中攪拌。
⑤將步驟④的材料，以及剩下的步驟③材料一起放進霜淇淋冷凍機當中。

＜材料＞

新鮮番茄…350g
檸檬果汁…30g
細砂糖…168g
海藻糖…28g
水飴（ハローデックス）…48g
安定劑…20g
水（35℃～45℃）…356g
合計1000g

無花果雪酪
FIG SHERBET

新鮮果實　成本價100g．日幣50元

＜製作方式＞

①無花果留著果皮，切成 1/4 大小，和檸檬果汁、細砂糖、水飴一起煮滾後放涼。
②將水與安定劑、海藻糖放入攪拌機內，仔細攪拌均勻。
③將步驟①的材料、一部分步驟②的材料放進攪拌機當中攪拌。
④將步驟③的材料，以及剩下的步驟②材料一起放進霜淇淋冷凍機當中。
⑤ 1 分鐘後將牛奶也放入霜淇淋冷凍機當中。

＜材料＞

新鮮無花果…300g　檸檬果汁…20g
細砂糖…154g　海藻糖…24g
水飴（ハローデックス）…44g
安定劑…20g　水（35℃～45℃）…238g
牛奶…200g
合計1000g

柿子雪酪
PERSIMMON SHERBET

新鮮果實　成本價100g．日幣40元

＜製作方式＞

①去除柿子的果皮及種子，切成適當大小。
②將水與安定劑放入攪拌機內，仔細攪拌均勻。
③將細砂糖、海藻糖、水飴也加進去，仔細攪拌均勻。
④將步驟①的柿子、一部分步驟③的材料以及檸檬果汁都放進攪拌機當中攪拌。
⑤將步驟④的材料，以及剩下的步驟③材料一起放進霜淇淋冷凍機當中。

＜材料＞

新鮮柿子…300g
檸檬果汁…10g
細砂糖…150g
海藻糖…25g
水飴（ハローデックス）…43g
安定劑…20g
水（35℃～45℃）…452g
合計1000g

Memo

使用無花果或柿子的義式冰淇淋特別少見，也可以展現出日本風味的一面。無花果烹煮過後再行使用，也能夠達成衛生處理目的。

西瓜雪酪

WATERMELON SHERBET

新鮮果實　成本價100g · 日幣70元

＜製作方式＞

①將西瓜果皮以外的果肉切成適當大小。
②將水與安定劑放入攪拌機內，仔細攪拌均勻。
③將細砂糖、海藻糖、水飴也加進去，仔細攪拌均勻。
④將步驟①的西瓜、一部分步驟③的材料以及檸檬果汁都放進攪拌機當中攪拌。注意不要將西瓜的種子打碎，讓攪拌機斷斷續續地把所有材料攪拌均勻。過濾去除種子。
⑤將步驟④的材料，以及剩下的步驟③材料一起放進霜淇淋冷凍機當中。

＜材料＞

新鮮西瓜…600g　檸檬果汁…20g
細砂糖…129g
海藻糖…24g
水飴（ハローデックス）…41g
安定劑…20g
水（35℃～45℃）…166g
合計1000g

白桃雪酪

WHITE PEACH SHERBET

新鮮果實　成本價100g · 日幣50元

＜製作方式＞

①將白桃剝皮以後去除種子，切成適當大小。
②將水與安定劑放入攪拌機內，仔細攪拌均勻。
③將細砂糖、海藻糖、水飴也加進去，仔細攪拌均勻。
④將步驟①的白桃、一部分步驟③的材料以及檸檬果汁都放進攪拌機當中攪拌。
⑤將步驟④的材料，以及剩下的步驟③材料一起放進霜淇淋冷凍機當中。
⑥ 1 分鐘後將牛奶也放入霜淇淋冷凍機當中。

＜材料＞

新鮮白桃…400g　檸檬果汁…10g
細砂糖…147g　海藻糖…24g
水飴（ハローデックス）…42g
安定劑…20g
牛奶…200g
水（35℃～45℃）…157g
合計1000g

洋梨雪酪

PEAR SHERBET

新鮮果實　成本價100g · 日幣70元

＜製作方式＞

①將洋梨剝皮、去除果核，切成適當大小。
②將水與安定劑放入攪拌機內，仔細攪拌均勻。
③將細砂糖、海藻糖、水飴也加進去，仔細攪拌均勻。
④將步驟①的洋梨、一部分步驟③的材料以及檸檬果汁都放進攪拌機當中攪拌。
⑤將步驟④的材料，以及剩下的步驟③材料一起放進霜淇淋冷凍機當中。

＜材料＞

新鮮洋梨…400g　檸檬果汁…20g
細砂糖…135g　海藻糖…22g
水飴（ハローデックス）…38g
安定劑…20g
水（35℃～45℃）…365g
合計1000g

Memo

西瓜得要花點功夫去掉種子，但這是非常受歡迎的水果。白桃能夠打造出帶有豐裕感的魅力。洋梨的雪酪，特徵是有著濃郁的香氣、以及入口即化的口感。

杏子雪酪

APRICOT SHERBET

果泥　成本價100g・日幣60元

<製作方式>

①將水與安定劑放入攪拌機內，仔細攪拌均勻。
②將細砂糖、海藻糖、水飴也加進去，仔細攪拌均勻。
③將杏子果泥以及檸檬果汁都放進攪拌機當中攪拌。
④將步驟③的材料放進霜淇淋冷凍機當中。

<材料>

冷凍杏子果泥（10%加糖）…300g
檸檬果汁…20g
細砂糖…140g　海藻糖…23g
水飴（ハローデックス）…40g　安定劑…20g
水（35℃～45℃）…457g
合計1000g

黑醋栗雪酪

CASSIS SHERBET

果泥　成本價100g・日幣90元

<製作方式>

①將水與安定劑放入攪拌機內，仔細攪拌均勻。
②將細砂糖、海藻糖、水飴也加進去，仔細攪拌均勻。
③將黑醋栗果泥以及檸檬果汁都放進攪拌機當中攪拌。
④將步驟③的材料放進霜淇淋冷凍機當中。

<材料>

冷凍黑醋栗果泥（10%加糖）…300g
檸檬果汁…20g
細砂糖…133g　海藻糖…21g
水飴（ハローデックス）…38g　安定劑…20g
水（35℃～45℃）…468g
合計1000g

木瓜雪酪

PAPAYA SHERBET

新鮮果實　成本價100g・日幣60元

<製作方式>

①去除木瓜的果皮與種子，切成適當大小。
②將水與安定劑放入攪拌機內，仔細攪拌均勻。
③將細砂糖、海藻糖、水飴也加進去，仔細攪拌均勻。
④將步驟①的木瓜、一部分步驟③的材料以及檸檬果汁都放進攪拌機當中攪拌。
⑤將步驟④的材料，以及剩下的步驟③材料一起放進霜淇淋冷凍機當中。

<材料>

新鮮木瓜…300g　檸檬果汁…20g
細砂糖…154g　海藻糖…25g
水飴（ハローデックス）…44g　安定劑…20g
水（35℃～45℃）…437g
合計1000g

Memo

杏子的特徵是清爽帶點酸酸甜甜，是與梅子有些相似的水果。黑醋栗在歐洲非常流行，最近在日本也變得開始受歡迎了。木瓜又被稱為水果之王，獨特的風味與甜度將成為商品魅力。

餐廳暨咖啡廳盛裝範例⑦

將冰淇淋與雪酪盛裝在一起

將義式冰淇淋當中的冰淇淋與雪酪盛裝在一起提供給客人，
就能讓客人同時享用不同的口味及口感。

用糖漿基底製作雪酪的食譜

前面介紹的雪酪食譜，通常在要製作的時候，才會測量水、細砂糖、海藻糖、安定劑的用量，不過以下食譜可以使用另一種方法。也就是先將水、糖類、安定劑搭配在一起，做成「糖漿基底」，然後使用在不同雪酪當中。如果使用糖漿基底，則製作不同雪酪的時候，就不需要一直測量糖類和安定劑的份量了。另外，製作時需要加熱的糖漿基底，也有著「加熱之後能夠提高安定劑效果」的優點。

但是若使用糖漿基底，就很難配合水果糖分來微調糖類及安定劑的份量。另外，雖然沒有明確的證據，但也有些人認為細砂糖不加熱使用，雪酪的口味會比較好。總結來說，是否要使用糖漿基底，會因為店家考量而有不同決定，因此本書當中兩種食譜都加以介紹。

糖漿基底的食譜

＜製作方式＞

將水放進巴氏殺菌機當中，等到40℃的時候就將已經攪拌好的細砂糖、海藻糖、安定劑慢慢放進去。120分鐘左右完成。

＜材料＞

- 水…385g
- 細砂糖…420g
- 海藻糖…150g
- 安定劑…45g

合計1000g

草莓雪酪

＜材料＞

- 新鮮草莓…400g
- 糖漿基底材料…390g
- 水…190g
- 檸檬果汁…20g

合計1000g

檸檬雪酪

＜材料＞

- 新鮮檸檬果汁…160g
- 糖漿基底材料…400g
- 水…440g

合計1000g

哈密瓜雪酪

＜材料＞

- 新鮮哈密瓜…400g
- 糖漿基底材料…325g
- 檸檬果汁…10g
- 水…65g　牛奶…200g

合計1000g

森林莓果雪酪

＜材料＞

- 新鮮草莓…120g
- 覆盆子（冷凍顆粒）…80g
- 藍莓（冷凍顆粒）…50g
- 糖漿基底材料…370g　檸檬果汁…10g
- 水…370g

合計1000g

奇異果雪酪

＜材料＞

新鮮奇異果…250g
糖漿基底材料…360g
檸檬果汁…10g
水…180g　牛奶…200g
合計1000g

蘋果雪酪

＜材料＞

新鮮蘋果…400g
糖漿基底材料…340g
檸檬果汁…20g
水…240g
合計1000g

橘子雪酪

＜材料＞

新鮮橘子果汁…400g
糖漿基底材料…350g
檸檬果汁…20g
水…230g
合計1000g

葡萄柚雪酪

＜材料＞

新鮮葡萄柚…400g
糖漿基底材料…350g
檸檬果汁…20g
水…230g
合計1000g

芒果雪酪

＜材料＞

新鮮芒果…300g
糖漿基底材料…340g
水…350g
檸檬果汁…10g
合計1000g

鳳梨雪酪

＜材料＞

新鮮鳳梨…400g
糖漿基底材料…340g
檸檬果汁…20g
水…240g
合計1000g

藍莓雪酪

＜材料＞

冷凍藍莓果泥（10%加糖）…300g
糖漿基底材料…310g
水…370g　檸檬果汁…20g
合計1000g

葡萄雪酪

＜材料＞

新鮮葡萄…300g
糖漿基底材料…320g
水…360g
檸檬果汁…20g
合計1000g

綜合水果雪酪

＜材料＞

新鮮蘋果…100g　新鮮香蕉…70g
新鮮鳳梨…70g　新鮮橘子…70g
新鮮草莓…40g　糖漿基底材料…350g
水…280g　檸檬果汁…20g
合計1000g

覆盆子雪酪

＜材料＞

冷凍覆盆子果泥
（10%加糖）…300g
糖漿基底材料…310g
水…370g　檸檬果汁…20g
合計1000g

杏桃雪酪

＜材料＞

新鮮杏桃…400g
糖漿基底材料…325g
檸檬果汁…10g
水…65g　牛奶…200g
合計1000g

李子雪酪

＜材料＞

新鮮李子…250g
糖漿基底材料…360g
水…380g
檸檬果汁…10g
合計1000g

番茄雪酪

＜材料＞

新鮮番茄…350g
糖漿基底材料…400g
檸檬果汁…30g
水…220g
合計1000g

番茄＆羅勒

＜材料＞

新鮮番茄…350g　羅勒…2片
糖漿基底材料…380g
檸檬果汁…80g
水…190g
合計1000g（不含羅勒）

柿子雪酪

＜材料＞

新鮮柿子…300g
糖漿基底材料…360g
檸檬果汁…10g
水…330g
合計1000g

無花果雪酪

＜材料＞

新鮮無花果…300g
糖漿基底材料…360g
檸檬果汁…10g
水…130g　牛奶…200g
合計1000g

白桃雪酪

<材料>

新鮮白桃…400g
糖漿基底材料…325g
檸檬果汁…10g
水…65g　牛奶…200g
合計1000g

西瓜雪酪

<材料>

新鮮西瓜…600g
糖漿基底材料…310g
檸檬果汁…10g
水…80g
合計1000g

杏子雪酪

<材料>

冷凍杏子果泥（10%加糖）…300g
糖漿基底材料…310g
檸檬果汁…10g
水…380g
合計1000g

洋梨雪酪

<材料>

新鮮洋梨…400g
糖漿基底材料…320g
檸檬果汁…10g
水…270g
合計1000g

木瓜雪酪

<材料>

新鮮木瓜…300g
糖漿基底材料…370g
檸檬果汁…20g
水…310g
合計1000g

黑醋栗雪酪

<材料>

冷凍黑醋栗果泥（10%加糖）…300g
糖漿基底材料…330g
水…370g
合計1000g

■關於作業流程…冰淇淋蛋糕最重要的就是確實冰凍凝固，因此在每次疊放或填塞材料的步驟最後，都要加上「放進冷凍庫中冷卻」這個步驟。每種冰淇淋蛋糕大概至少要放進去五次左右，因此可以花費2～3天，在製作其他義式冰淇淋的空檔之間執行一個步驟，就能夠有效率的製作完成。

■關於冰淇淋蛋糕的食用方式…本書當中介紹的「半凍冰糕式冰淇淋蛋糕」（半凍就是指冷凍一半的狀態），剛從冷凍庫中取出時的狀態較堅硬，有種沙沙的口感。從冷凍庫當中取出後，放置在盒子裡30～60分鐘左右，偶爾可以用竹籤刺一下，如果能夠輕鬆插到蛋糕中間，那麼就可以享用了。另外，若是要「事先」放在外帶用的容器等盒子當中作為外帶販賣商品的話，就必須在盒子上標示冰淇淋種類的分類名稱（參考第9頁）、以及乳脂肪份量、原材料名稱等。

CHAPTER 4 製作冰淇淋蛋糕

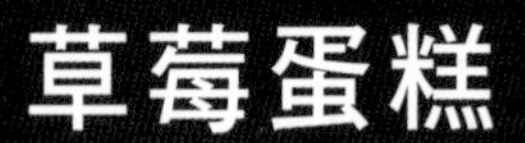

草莓蛋糕

TORTA ALLA FRAGOLA

說到蛋糕，當然得要有草莓口味了。「草莓蛋糕」在冰淇淋蛋糕當中也是最受歡迎的一款口味。草莓的清爽酸味，與牛奶冰淇淋的溫和甜度非常相稱。只有蛋糕才能做出來的豪華草莓裝飾，也是它的魅力之一。

※ 製作方式請參考 125 頁

Torta alla fragola

栗子巧克力蛋糕

TORTA AL CIOCCOLATO E MARON

栗子與巧克力的組合，是有點成熟的口味。可以作為秋冬交接之際的季節商品，是一款魅力十足的冰淇淋蛋糕。裝飾採用巧克力描繪纖細花樣，在外觀上也能表現出蛋糕的豐富層次感。

※ 製作方式請參考 126 頁

Torta al Cioccolato e Maron

阿拉斯加義式冰淇淋蛋糕

ALASKA TORTA GELATO

這是一款外觀非常令人震撼的冰淇淋蛋糕。在義大利，這是經常使用在生日等活動的「慶祝用的冰淇淋蛋糕」。加上小小的煙火就能炒熱氣氛。吃法也非常特別，要放進 170℃的烤箱當中烤 10 ～ 15 分鐘，然後在桌上切開來享用。由於表面的蛋白霜和海綿蛋糕會成為隔熱材料，因此裡面的冰淇淋並不會融化，還能同時品嚐到表面蛋白霜的焦香。

※ 製作方式請參考 127 頁

使用在冰淇淋蛋糕上的義式蛋白霜製作方式

冰淇淋蛋糕會使用「義式蛋白霜」。以義式蛋白霜及鮮奶油製作成的「半凍冰糕」，在將冰淇淋蛋糕從冷凍庫中取出恢復為食用溫度時，會具備濕潤的美味口感。

＜材料＞

蛋白…500g
細砂糖…1000g
水…200g
檸檬果汁…少許

合計1700g
（完成品約1520g）

＜製作方式＞

①使用打蛋機將蛋白打發（a、b）。
②將細砂糖、水、檸檬果汁放入鍋中加熱。
③沸騰之後轉為小火，一邊確認細砂糖的融化狀況，一邊慢慢熬煮（c）。
④將叉子放入步驟③的材料當中，然後拿起來，對著叉子的縫隙吹氣，如果能夠吹出泡泡來，就煮得差不多了（d）。
⑤將步驟①的材料慢慢加入步驟④的材料中，以中速進行攪拌混合（e）。
⑥在放涼之前將所有材料攪拌完成（f），放進容器當中。

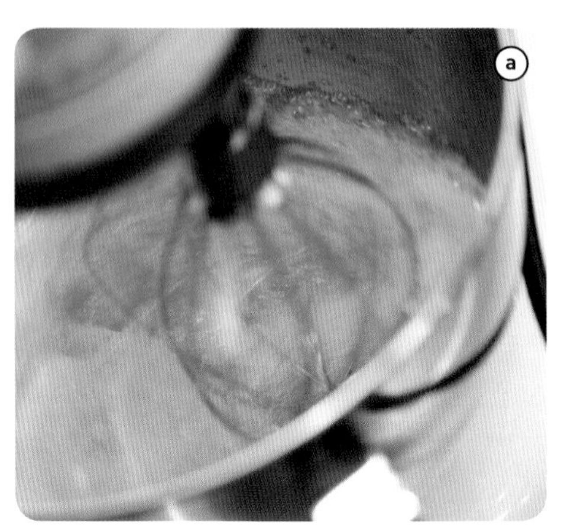

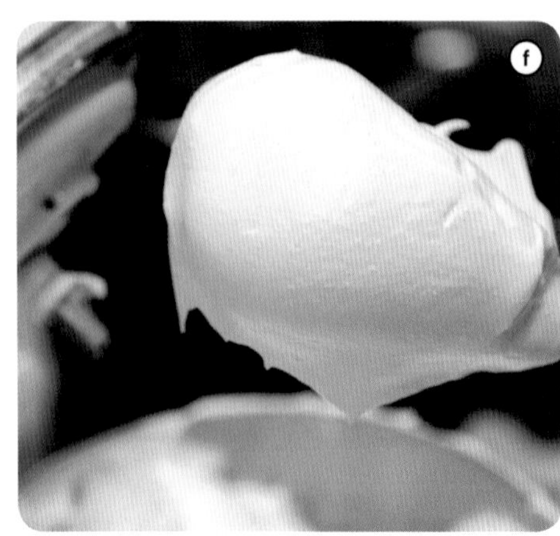

草莓蛋糕製作方式

<材料> 直徑 18cm、高度 4cm 的圓形蛋糕

海綿蛋糕的蛋糕體…直徑18cm、高1cm
糖漿（橘子利口酒或櫻桃酒）…適量
草莓（已經洗淨、殺菌）…200g
牛奶冰淇淋（參考14頁）…375g
原味半凍冰糕　…適量
草莓牛奶冰淇淋（參考36頁）…375g

<製作方式>

①將海綿蛋糕的蛋糕體鋪在蛋糕模型底層，以刷毛沾取糖漿塗抹在海綿蛋糕上（a），放進冷凍庫裡冰凍。

②將切片草莓貼放在蛋糕模型內側的側面（b），放進冷凍庫裡冰凍。

③將牛奶冰淇淋放進蛋糕模型當中，高度大約到模型的一半，將表面整平（c、d），放進冷凍庫裡冰凍。

④將草莓牛奶冰淇淋與切碎的草莓攪拌在一起（e）。

⑤將步驟④的材料放入蛋糕模型剩下的空間當中（f），將表面整平之後放進冷凍庫裡冰凍。

⑥將做好的半凍冰糕擠在表面、並且放上草莓作為裝飾（g），放進冷凍庫裡冰凍。

★半凍冰糕的製作方式

<材料>

鮮奶油（乳脂肪35%）…750g
義式蛋白霜（參考124頁）…250g

合計1000g

<製作方式>

將鮮奶油打發之後，與義式蛋白霜攪拌均勻。

栗子巧克力蛋糕

＜材料＞ 直徑 18cm、高度 4cm 的圓形蛋糕

海綿蛋糕的蛋糕體…直徑18cm、高1cm
含蘭姆酒的糖漿…適量　糖漬栗子冰淇淋（參考51頁）…375g
巧克力冰淇淋（參考52頁）…375g
原味半凍冰糕（參考125頁）…適量
巧克力半凍冰糕★…適量　巧克力醬…適量

＜製作方式＞

①將海綿蛋糕的蛋糕體鋪在蛋糕模型底層，以刷毛沾取含蘭姆酒的糖漿塗抹在海綿蛋糕上，放進冷凍庫裡冰凍。

②將糖漬栗子冰淇淋放進蛋糕模型當中，高度大約到模型的一半，將表面整平，放進冷凍庫裡冰凍。

③將巧克力冰淇淋放入蛋糕模型剩下的空間當中，將表面整平（a、b），之後放進冷凍庫裡冰凍。

④交互將原味半凍冰糕及巧克力半凍冰糕擠在蛋糕上，最後淋上巧克力醬做裝飾（c）。放進冷凍庫裡冰凍。

★巧克力半凍冰糕的製作方式

＜材料＞

鮮奶油（乳脂肪35%）…750g　巧克力醬…150g
義式蛋白霜（參考124頁）…250g

合計1150g

＜製作方式＞

將巧克力醬加入鮮奶油之後打發，然後加入義式蛋白霜。注意混合的時候要輕巧，不要破壞義式蛋白霜。

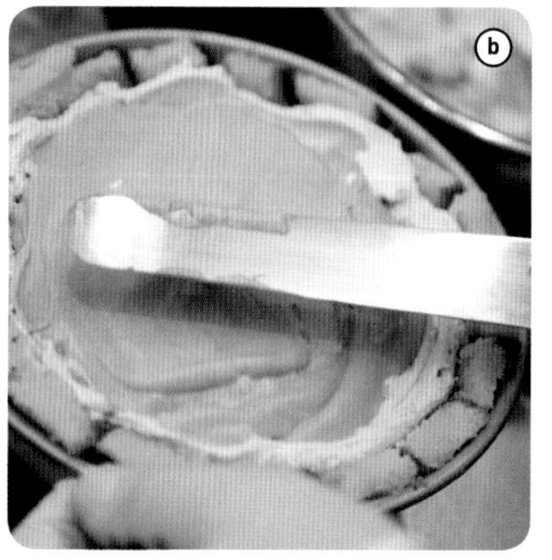

阿拉斯加
義式冰淇淋蛋糕

<材料> 直徑 18cm 的半球型蛋糕

海綿蛋糕的蛋糕體…適量　蘭姆酒…適量
義式咖啡糖漿（參考57頁的Memo）…適量
香草冰淇淋（參考15頁）…500g
巧克力冰淇淋（參考52頁）…500g
義式蛋白霜（參考124頁）…適量

<製作方式>

①將已經切成厚度 5mm 左右的海綿蛋糕貼放在半球體模型的側面，鋪滿整面（a），輕輕灑上蘭姆酒。放進冷凍庫冰凍。

②在海綿蛋糕之上填入香草冰淇淋，放進冷凍庫冰凍。

③填入巧克力冰淇淋，整平表面（b），放進冷凍庫冰凍。

④先用義式咖啡糖漿塗抹好海綿蛋糕，把海綿蛋糕鋪在上方，將整體蓋滿，多出來的部分要裁掉（c、d）。放進冷凍庫冰凍。

⑤從模型當中取出，以義式蛋白霜將整體包覆起來。放入 -20℃的冷凍庫中冰凍。

⑥在食用之前以 170℃的烤箱烤 10～15 分鐘，再放到桌上切開享用。

提拉米蘇義式冰淇淋蛋糕

TIRAMISU TORTA GELATO

活用瑪薩拉紅酒、蛋黃、細砂糖製作出的「沙巴翁」香氣，製作出這款「提拉米蘇義式冰淇淋蛋糕」，是帶些成熟感的口味。使用正方型的容器來製作，也能成為一項魅力十足的商品。

Tiramisu torta gelato

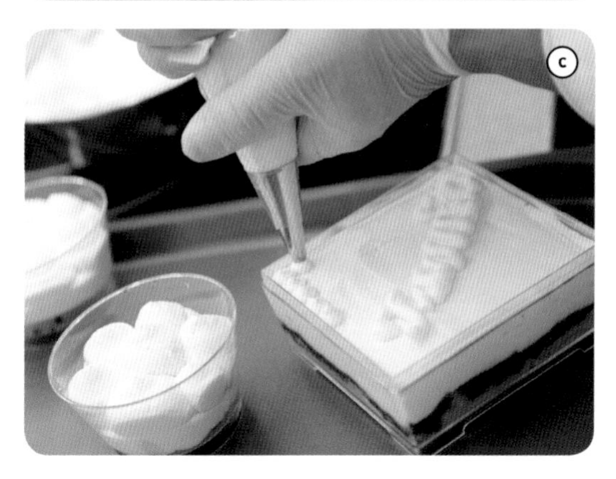

＜材料＞ ※份量請配合容器大小

海綿蛋糕的蛋糕體…適量
義式咖啡糖漿（參考57頁的Memo）…適量
沙巴翁半凍冰糕★…適量　可可粉…適量

＜製作方式＞

①將海綿蛋糕的蛋糕體鋪在蛋糕模型底層，淋上義式咖啡糖漿（a），放進冷凍庫裡冰凍。

②將沙巴翁半凍冰糕放進蛋糕模型當中，將表面整平（b），放進冷凍庫裡冰凍。

③使用沙巴翁半凍冰糕來做裝飾（c），放進冷凍庫裡冰凍。

④最後灑上可可粉做裝飾（※灑上可可粉再放進急速冷凍機當中，會造成粉末飛散，還請多加留心）。

★沙巴翁半凍冰糕的製作方式

＜材料＞ ※份量請配合容器大小

鮮奶油（乳脂肪含量35%）…750g
沙巴翁醬（請參考57頁）…70g
義式蛋白霜（請參考124頁）…250g

合計1070g

＜製作方式＞

將沙巴翁醬加入鮮奶油中打發，然後加入義式蛋白霜。注意混合的時候要輕巧，不要破壞義式蛋白霜。

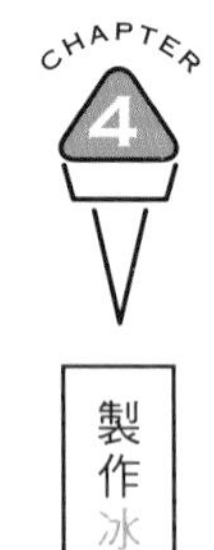

外帶用

迷你杯盛裝範例

以下是外帶用的迷你杯盛裝範例。使用透明的迷你杯，從側面看過去的顏色會非常美麗。最後再放上一點水果等東西作為裝飾，就能做成像是個迷你尺寸的蛋糕一樣。另外，若是要「事先」填裝在外帶用的容器當中，直接販賣外帶商品的話，必須要在上面標示出冰淇淋種類的分類名稱（參考第9頁）、乳脂肪含量、原材料名稱等份量及項目。

造訪人氣店鋪「GELATERIA」如何經營店面

協助攝影：『GOTOYA Dolce RACCONTO』
地址：岐阜縣岐阜市美園町2-9　HP／https://www.racconto.co.jp/

本書最後，想介紹一些經營義式冰淇淋的專賣店，也就是「GELATERIA」的方法。首先，以大受歡迎的「GELATERIA」實際案例身分出場的，就是位於岐阜市的『GOTOYA Dolce RACCONTO』。

該店歷史悠久，是於1985年由舟守定嗣先生與其妻子壽子太太，一起在岐阜市徹明町開張。在當地是頗受好評的義式冰淇淋專賣店，經營了大約15年之後，兩人為了繼承壽子太太娘家的和食餐廳『後藤家』，而一度關閉冰淇淋店。在結束營業之後，雖然還是有繼續製作販賣義式冰淇淋，作為『後藤家』的甜點部門，但有許多愛好者都希望他們能夠繼續開店，因此於2015年終於再次營業。而新店家就是這間位於岐阜市美園町的『GOTOYA Dolce RACCONTO』。新任店長是舟守夫婦的二女，亞友美小姐的丈夫澤木和也先生，除了繼承店家長年以來的傳統口味以外，也積極的拓展新風格。而本店經營店鋪的方式，就從134頁起以照片來介紹。

①②③『GOTOYA Dolce RACCONTO』的店面就位在岐阜市美園町的『和風料理　後藤家』一旁。陽光射進偌大的窗戶，店面非常具開放感，是能讓來客安心放鬆、悠閒享用美食的舒適空間。義式冰淇淋專賣店的裝潢，通常會因其地點及店家規模而異，而以本店來說，原本就是深植當地民心的義式冰淇淋專賣店，因此整體空間打造的方向，是讓來訪店面的人們能夠有個「休息場所」。④原先於1985年時開店的『RACCONTO』，由舟守定嗣先生、壽子太太夫妻（照片左側），移交給澤木和也先生、亞友美小姐夫妻（照片右側），在2015年於目前地點重新開張。

①義式冰淇淋專賣店的「店面臉龐」，就是義式冰淇淋的展示櫃。『GOTOYA Dolce RACCONTO』的展示櫃當中，也陳列了五彩繽紛、看來非常美味的義式冰淇淋。②當中還有本店長年以來的看板商品「派派派」。這是將牛奶冰淇淋及派皮重疊三層做成的商品。其他還有能夠品嚐出是由蘋果直接磨成泥、店家非常自豪其美味的「蘋果」口味；以及使用多種莓果類的「森林莓果」等都非常受歡迎，尤其是使用當季水果製作的季節性義式冰淇淋更是受到好評。③④使用導熱匙將冰淇淋盛裝得非常美麗；以及將妝點完畢的冰淇淋交給顧客時的笑容。這種在眼前製作以及招待的氣氛，也是提高義式冰淇淋專賣店魅力的要素。

①在販售義式冰淇淋的時候，一般會請顧客選兩種喜好的口味，一起盛裝給客人。『GOTOYA Dolce RACCONTO』的基本商品也是選擇兩種口味的「單筒（雙色）」，為380日元。照片上是「草莓」及「密斯朵餅乾」。②另外也有480日元的「雙筒（三色）」，照片為「抹茶」、「W奶油」、「西瓜」。③另外也備有看起來非常令人震撼、訂價為780日元的「彩虹（七色）」。照片上是「開心果」、「黑醋栗」、「桃子」、「奇異果」等，令人驚訝的外觀能讓顧客更開心。另外也準備了杯裝的「S杯（140ml）」460日元、「M杯（580ml）」1380日元。

①
②
③

①『GOTOYA Dolce RACCONTO』另外還有「蛋糕 & 義式冰淇淋」、「水果 & 義式冰淇淋」各 530 日元，商品種類十分豐富。照片上的「蛋糕 & 義式冰淇淋」，蛋糕是「蒙布朗」、而義式冰淇淋是「森林莓果」。蛋糕也是店家自製，另外還有供應提拉米蘇以及烤起司蛋糕等品項。②「水果 & 義式冰淇淋」的範例。照片上的義式冰淇淋是「派派派」、水果則是鳳梨、奇異果、蘋果、美國櫻桃等，盛裝得五彩繽紛。③④將濃縮咖啡淋在義式冰淇淋上享用的「阿芙佳朵」。這在義大利是非常受歡迎的甜點型式，只要淋上義式冰淇淋，就能夠品嚐到截然不同的義式冰淇淋美味。

③
④
①
②

特別收錄　打造義式冰淇淋專賣店　02

「GELATERIA」的經營層面重點

高生產性、高利益率正是GELATERIA的優勢

關於義式冰淇淋專賣店「GELATERIA」的經營層方面重點，我接下來會整理大家最需要知道的部分。

首先，以經營層面來說，義式冰淇淋最大的優勢，便是它在甜點類當中，是生產性特別高的商品。舉例來說，若是販賣蛋糕的店家，據說一位蛋糕師傅每天能夠製作的蛋糕，販賣金額大約是日幣五萬元左右。相對地，若是義式冰淇淋，一個人一天大約能夠製作出銷售額日幣20萬元以上的份量。只要把材料放進霜淇淋冷凍機以後，大概10分鐘左右就能夠完成，因此生產性非常地高。

義式冰淇淋只需要將材料放進霜淇淋冷凍機當中，之後極短的時間就能完成，生產性非常高。

而且成本金額也非常低，這表示義式冰淇淋的利益率很高。本書當中每款義式冰淇淋都刊載了大約的成本估算，若是100g（容量120ml）販賣日幣300元的話，那麼有很多款商品的成本率都不到20%。雖然會因為使用的水果種類而異，但只用了水和砂糖為主要材料的雪酪，成本會更低。義式冰淇淋專賣店，具備了高生產性、高利益率的經營優勢。

銷售額容易下降的冬季對策是經營上最需要關切的重點

但是，義式冰淇淋專賣店也有重大課題。那就是夏季與冬季的營業額差異非常龐大。如果是在百貨公司等商業設施內，冬季還會有一定程度的人潮，但和夏季的營業額相比，正常來說仍然會下降。在義大利，甚至會有店家於冬季直接休息兩個月。先考量清楚夏季和冬季的營業額差異大小，然後訂立年度營業額目標；在人員採用方面也必須有計畫的進行，這些事情都非常重要。

另外，義式冰淇淋專賣店的冬季對策當中，有一種方法是改變展示櫃當中的容器大小。冬季營業額下降的時候，如果將剩下的義式冰淇淋留下來長時間販售，冰淇淋的狀態會變得非常不好，這樣會更加壓低營業額，為了防止這種情況發生，方法之一就是改變容器的大小。

改變容器大小的方法之一，舉例來說如果平常是用4L的容器，那就更換為只有一半大小的2L容器，這樣一次製造的冰淇淋份量就會比較少，也能夠較快賣完。請參考139頁的圖1那樣，更換成盆底較淺的容器。

另一種方法，是像圖2那樣，將一部分義式冰淇淋的容器更換為面積兩倍、深度只有一半的容器，減少製作的種類。如同上述，為了因應營業額下降的冬季而在販售方法上也多加用心，一整年都維持商品本身的品質，是非常重要的。

展示櫃並不只是好看，品質管理也非常重要

對於GELATERIA來說，義式冰淇淋的展示櫃並不僅僅代表了「店面」。五彩繽紛的義式冰淇淋均勻分配在展示櫃當中，使外觀看起來

美麗當然很重要，但在選擇展示櫃的時候，不可以無視其以溫度管理為始的功能性等。展示櫃的種類，有「冷氣循環式展示櫃」或者「壁冷式展示櫃」，還請依據各自特徵來挑選。

另外，一旦將義式冰淇淋放進展示櫃中以後，冰淇淋多少會因為冷氣的風導致冰淇淋表面乾燥或者變色。因此最理想的，就是在提供商品給客人的時候，要將義式冰淇淋的表面刮掉，經常露出嶄新的冰淇淋樣貌。

若是有在表面做裝飾，會從手邊開始縱向挖取冰淇淋，表面也會越來越乾燥，這點要多加注意。另外，為了防止乾燥，當然得要盡量減少冰淇淋的表面積，舉例來說，有時候可能會在義式冰淇淋的表面上劃出小小的線條花紋。而加上線條就容易使表面積增加，導致冰淇淋更加容易乾燥，因此要多加注意。展示櫃並不只是讓客人看到美麗的義式冰淇淋，同時也是品質管理方面的要點，這點必須要經常列入考量。

義式冰淇淋是可使用當地產品地產地銷、或有效活用B級材料的商品

義式冰淇淋由於會使用各式各樣水果或蔬菜，因此GELATERIA進行商品開發的時候，「地產地消」也會是魅力之一。使用當地美味材料製作的義式冰淇淋，一定能讓當地人也感到開心。

另外，義式冰淇淋使用的水果或蔬菜，就算是外觀看起來不甚美麗的次級品，只要味道沒有問題，就可以用來做冰淇淋。能夠有效活用外觀並不極佳的次級品，也是義式冰淇淋的優點之一。

與當地的生產者建立關係、有效活用當地生產的各種材料。在商品開發上也盡心盡力的經營店家，正是GELATERIA經營的指標之一。

在發源地義大利也不斷進化的義式冰淇淋

為了要尋找能夠作為義式冰淇淋商品開發的靈感，我想稍微提一下發源地義大利的動向。

在義大利，義式冰淇淋一般的商品結構也是水果類、堅果類、巧克力類等，但最近都可以觀察到各有一些變化。舉例來說，水果類當中有添加優格的口味；或者混雜2種~3種水果的品項（比如說把奇異果、香蕉、鳳梨混在一起），都非常受歡迎。另外巧克力類當中，也有店家做成像是咖啡的「單品咖啡」那樣，以產地區分（厄瓜多、馬達加斯加、牙買加等），把能夠品嚐不同地區風味的巧克力作為賣點。

就像這樣，即使是在正統地義大利，義式冰淇淋也會隨著時代有所進化。在有著許多傑出材料的日本，應該也會開發出更多充滿魅力的義式冰淇淋吧。挑戰這個可能性、試著生產出嶄新的美妙口味，我認為如此一來，GELATERIA便能夠更加滿足顧客。

營業額下降的冬季對策範例

1 減少容器深度，減少單一次的製作量。

4ℓ ▶ 2ℓ

2 更換為面積較大的容器，減少製作種類。

冬季的營業額會下降，為此可以改變陳列在展示櫃當中的義式冰淇淋容器大小，減少製作容量或者種類等方法。

陳列在展示櫃當中的義式冰淇淋，並不只是要看起來美麗，隨時留心品質管理也非常重要。

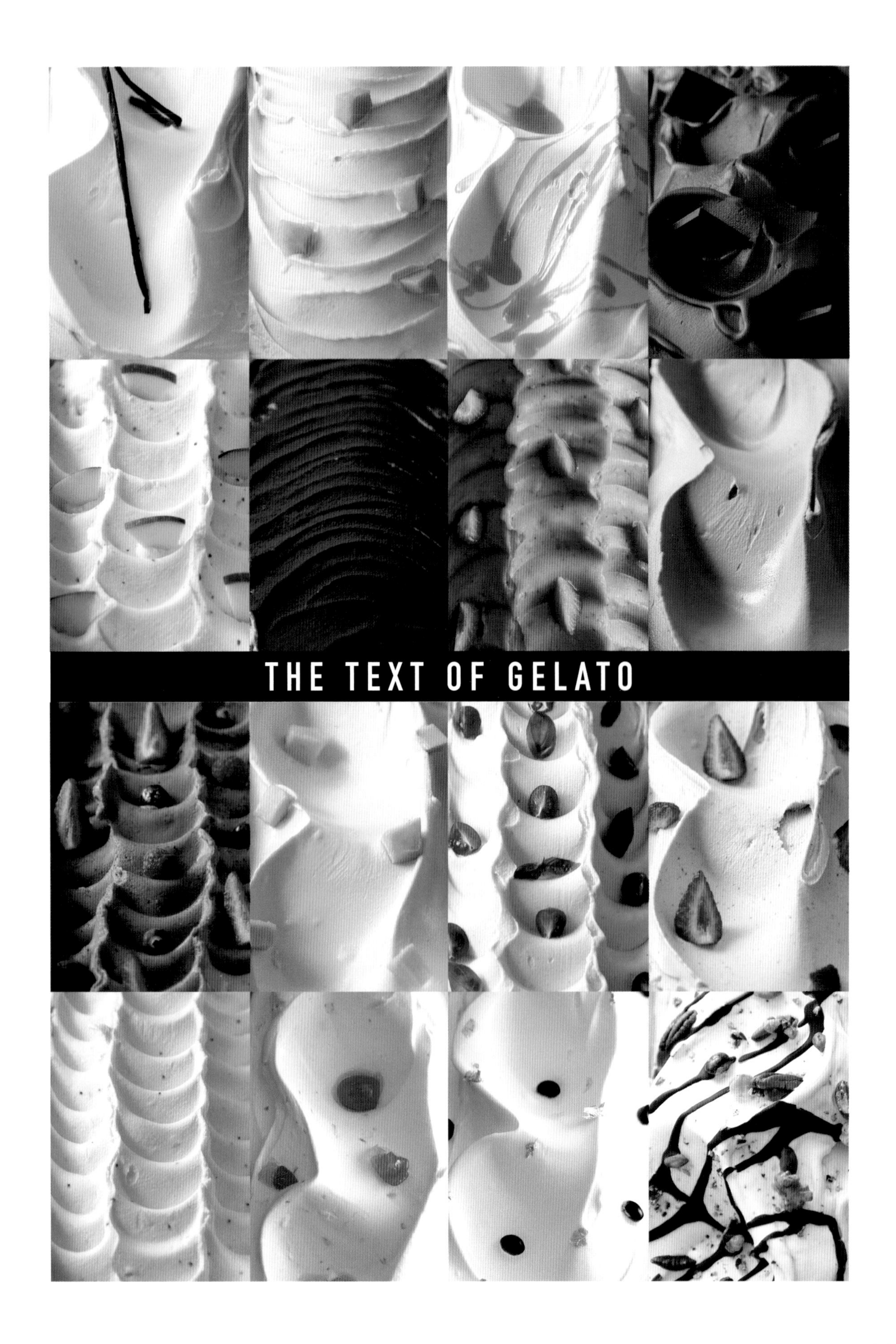
THE TEXT OF GELATO

作者小檔案

根岸 清 Kiyoshi Negishi

1952 年出生於東京。自駒澤大學畢業後，進入 TK Surprise（股）（現（股）FMI 公司，以下簡稱 FMI）。1982 年向 Conti Govanni 學習製作義式冰淇淋的基礎，1984 年前往 Gelateria Bar Fontana（薩爾索馬焦雷泰爾梅 ※ 艾米利亞 - 羅曼尼亞地區）、Gelateria Anna（切薩諾馬代爾諾 ※ 米蘭郊外）、Gelateria Pizzolato（塞雷尼奧 ※ 米蘭郊外）實習。之後成為日本義式冰淇淋衛生協會委員及專任講師，進行授課指導，於 FMI 舉辦義式冰淇淋講座。每年在全國舉辦 30 場以上理論充實的義式冰淇淋講座。1994 年前往米蘭的店家學習咖啡師專業，回國後以專任講師身分，於 FMI 舉辦義式咖啡講座。1999 年獲得一般社團法人東京都食品衛生協會頒發食品衛生功勞獎；2002 年取得國際義大利咖啡品鑑學會（IIAC）品鑑員資格、義大利國家咖啡學院（INEI）認可咖啡師資格。具備日本咖啡師協會（JBA）理事、認可委員、日本特殊咖啡協會（SCAJ）咖啡師委員、日本義式冰淇淋協會（AGG）大師身分進行認可指導。2015 年 6 月以 IGCC（Italian Geltato& Caffè Consulting ／個人企業）身分獨立。目前仍積極收集分析海外資訊，進行講座及指導。

無罪惡感冰品甜點在家就能做！

19×25.7cm　80 頁
彩色　定價 350 元

不含奶油！不用冰淇淋機！
在家就能製作的極簡冰品
享瘦 0 負擔的繽紛甜點

如果家裡冷凍庫裡放了喜歡的冰品，人也會感到幸福。本書將為各位介紹各式各樣的冰品，包含使用雞蛋製作，味道濃郁的冰淇淋與清爽口感的雪酪、以牛奶和水果為基底製作的義式冰淇淋還有健康的霜凍優格、以及口感爽脆的義式冰沙。

本書提供 53 種吃了也不會產生罪惡感的美味冰品，找出你喜愛的一道冰品，並親自製作看看吧！

咖啡館 MENU 創意新開發

18.2×25.7cm　192 頁
彩色　定價 480 元

想要創業，卻為怎麼設計菜單苦惱嗎？想知道猿田彥咖啡的獨家技巧嗎？還不知道怎麼設計店裡菜單嗎？要怎麼樣才能吸引客人？
不用擔心，40 間日本人氣咖啡店的私房食譜是您最佳的參考書，一次解決所有問題。
本書蒐集超過 40 間日本人氣咖啡店的私房食譜，從飲料、甜點、雞尾酒、冰品、三明治等各式你想得到與想不到的菜單全部都在這裡。每位店長還特別傳授獨門心法，讓你第一次開店也能安心上手！

芭菲 設計一杯 IG 網美風水果百匯

18.2×26.4cm　248 頁
彩色　定價 500 元

市面上唯一僅有的百匯特輯！最吸睛的甜點通通在這裡！
一端上桌，就讓人忍不住想拍照打卡，PO 網分享～♫♪

「Parfait（芭菲）」又稱百匯，是一種盛裝在透明玻璃容器中，用各種材料自由組合而成的涼爽甜品。這種能夠隨心所欲層層堆疊出漂亮層次的吸睛甜點，可謂是自由度最高、變化最多的甜品，既有引人注目的美麗外觀又能滿足大家一次享用到多種甜點餡料的願望！豐富而多元的百匯食譜與名店主廚所傳授的各種裝飾技巧，絕對能讓您製作出最能吸引顧客上門的熱門招牌甜點！

珍珠奶茶 水果茶 開店夢想技術教本

20.7×28cm　128 頁
彩色　定價 380 元

最夯的手搖飲品！最吸睛的打卡商品！
珍珠奶茶、水果茶飲品調製配方大公開

本書所收錄飲品除多款珍珠飲品之外，還有多款使用水果製作而成的繽紛茶飲調製食譜，更網羅「基底飲料的調製方法」、「糖漿、水果醬汁的調製方法」、「配料的烹製方法」、「珍珠飲品的包裝材料」以及「開一家手搖飲料店」的實用資訊，不但提供最多元的飲品項目提案，更給予想開店或已開店的您最全面而廣泛的實用參考！

TITLE

GELATO 義式冰淇淋開店指導教本

STAFF

出版　瑞昇文化事業股份有限公司
作者　根岸清
譯者　黃詩婷

總編輯　郭湘齡
文字編輯　徐承義　蔣詩綺　李冠緯
美術編輯　謝彥如
排版　沈蔚庭
製版　明宏彩色照相製版股份有限公司
印刷　桂林彩色印刷股份有限公司

法律顧問　立勤國際法律事務所　黃沛聲律師

戶名　瑞昇文化事業股份有限公司
劃撥帳號　19598343
地址　新北市中和區景平路464巷2弄1-4號
電話　(02)2945-3191
傳真　(02)2945-3190
網址　www.rising-books.com.tw
Mail　deepblue@rising-books.com.tw

本版日期　2020年11月
定價　500元

ORIGINAL JAPANESE EDITION STAFF

編集　亀高 斉
撮影　中村 公洋
デザイン　野村義彦（LILAC）

國家圖書館出版品預行編目資料

GELATO義式冰淇淋開店指導教本 / 根岸清作；黃詩婷譯. -- 初版. -- 新北市：瑞昇文化, 2019.08
144面；20.7X28公分
ISBN 978-986-401-365-4(平裝)

1.冰淇淋 2.點心食譜

427.46　　108012143